认识海洋丛书

U0661731

RENSHI HAIYANG CONGSHU

刘芳 主编

海洋中
环环相扣的食物链

时代出版传媒股份有限公司
安徽文艺出版社

图书在版编目（CIP）数据

海洋中环环相扣的食物链 / 刘芳主编. — 合肥：
安徽文艺出版社，2012.2（2024.1重印）
　　（时代馆书系·认识海洋丛书）
　　ISBN 978-7-5396-3981-9

Ⅰ．①海… Ⅱ．①刘… Ⅲ．①海洋生物—食物链—青
年读物②海洋生物—食物链—少年读物 Ⅳ．①Q178.53-49

中国版本图书馆 CIP 数据核字(2011)第 247614 号

海洋中环环相扣的食物链
HAIYANG ZHONG HUANHUANXIANGKOU DE SHIWULIAN

出 版 人：朱寒冬
责任编辑：汪爱武　　　　　　　　装帧设计：三棵树　文艺

出版发行：安徽文艺出版社　　www.awpub.com
地　　址：合肥市翡翠路 1118 号　　邮政编码：230071
营 销 部：(0551)3533889
印　　制：唐山富达印务有限公司　电话：(022)69381830

开本：700×1000　1/16　　印张：10　字数：154 千字
版次：2012 年 2 月第 1 版
印次：2024 年 1 月第 4 次印刷
定价：48.00 元

前 言

对于海洋生物,无论是种群类型,还是它们各自种群的数量,都是非常之大的。到目前为止,谁也无法用确切的数字阐明海洋有多少种个体的生物。不难看出,海洋生物之间的关系是何等复杂。那么,有没有什么方法来表达海洋生物种群的关系呢? 生物学家经过多年观察研究,选择了用海洋食物链的方式来表达海洋生物间的互为依赖关系。具体的表达方式是,通过一系列生物的摄食方式,使得生物之间能量依次进行转移;同时,在每级能量转化过程中,一部分的潜在能量在进入生物体内后变为热量而消失。

非常有趣的是,在海洋中,各种生物种群的食物关系呈食物金字塔的形式排列。海洋生物学家曾做过这样的研究报告:处在这座食物金字塔最低部的,是各种硅藻类。它们是海洋中的单细胞植物,其数量非常之巨大。我们假定,生物金字塔最低部的硅藻类是454千克。在这一层的上边是微小的海洋食草类动物,或者叫浮游动物。这些动物是以硅藻为食而获取热量。这一层的动物要维持其正常生活,需食用45.4千克硅藻。那么,再上一层是鲱鱼类,鲱鱼为获取热量,维持生命,需食用4.54千克的浮游动物。当然,鲱鱼的存在又为鳕鱼提供食物,显然,鳕鱼又是更上一层动物的食物了。不难看出,每上升一级,食物以10%的几何级数减少;相反,每下降一级,其食物量又以10%的几何数而增加,呈一个下大上小的金字塔型。通过海洋食物链建起的金字塔,经过四至五级的能量依次转移,维持各生命群体之间的平衡。当接近海洋食物金字塔的顶端时,生物的数量比起底部的来说,变得非常之少。在海洋中,处在顶部的是海洋哺乳类,如海兽等。

我们所说的海洋食物链,其存在方式有两种:一种是放牧食物链。这种食物链是从绿色植物,例如浮游植物类等,转换到放牧的食草动物中,并以食活的植物为生,顶端是以食肉生物为最后的终点。这个过程,就是我们时常说的"大鱼吃小鱼,小鱼吃虾米,虾米吃泥土(浮游生物)"。第二种方式是腐败或腐质食物链。这一食物链的转移方式是:从死亡的有机物开始,得到微生物,并以摄食腐质的生物为生的捕食者为最终点。实际上,在海洋中,这两种类型的食物链,是相互连接的;有时也不是非按某种特定的方式来进行,而是有交叉,有连接,多种方式混合进行的。

在海洋中生活着数10万种动物,在这些动物中,除虎鲸和鲨鱼等凶猛的食肉动物之外,绝大多数的鱼类都是"和平共处",相安无事,因此,海洋动物实际上是地球上种类和数量最多的动物。说起来令人难以置信,地球上最大的动物——鲸类(须鲸),是以海洋中几乎是最小的动物——小鱼和磷虾为食。这看上去似乎有些不合情理,但是,细细研究一下它们之间的特殊关系,又感到这是情理之中的事。磷虾以其顽强的生命,特有的繁殖力,建立起最为庞大的密集群体,源源不断地为须鲸提供食物。亿万年来,这种奇特的金字塔式的生物种群间的关系,维系着海洋生物种群间的生命存在方式。这种生命维系关系,称为海洋食物链,或称海洋食物网。

与陆地食物链相比,海洋中各种生物建立起的食物链是非常有效的。在通常情况下,海洋食物链比陆地食物链具有更多环节。实际上,无论是陆地,还是海洋,生物之间的食物链并非是那么单纯,而是极为复杂的。正是出于这一点,生物学家赞成使用海洋食物网的概念。海洋食物链所表达的是在各个营养级发生转变的摄食关系,然而,海洋食物链的营养级在许多时候产生逆转和分枝,而用食物网的概念去描述,能将复杂的海洋生物摄食模式准确地反映出来。

目 录 CONTENTS

海洋生态系统与食物链

五光十色的海洋生物

海洋是生命的摇篮。从第一个有生命力的细胞诞生至今，仍有 20 多万种生物生活在海洋中，其中海洋植物约 10 万种，海洋动物约 16 万种。从低等植物到高等植物，植食动物到肉食动物，加上海洋微生物，构成了一个特殊的海洋生态系统，蕴藏着巨大的生物资源。据估计，全球海洋浮游生物的年生产量（鲜重）为 5000 亿吨，在不破坏生态平衡的情况下，每年可向人类提供够 300 亿人食用的水产品，这是一座极其诱人的人类未来食品库！

海洋生物资源有其自身的特点：它是有生命的，能自行增殖，并不断更新的资源；但从另一方面说，它因为是通过活的动植物体来繁殖发育，

五光十色的海洋生物

使资源以更新和补充，具有一定的自发调节能力，是一个动态的平衡过程。但是一旦其生态系统平衡遭到破坏，就意味着海洋生物资源的破坏。

藻类在海洋生物资源中占有特殊的重要地位。它能够自力更生地进行光合作用，产生大量的有机物质，为海洋动物提供充足的食物。同时，它在光合作用中还释放大量的氧气，总产量可达 360 亿吨（占地球大气含氧量的 70%），为海洋动物甚至陆上生

物提供必不可少的氧气。

到这里，还不能不提到的一点是，藻类是在最初地球大气转变为现代大气中的"功臣"，有了它们，才有了现代生机勃勃的生物界。所以，海洋植物是维持整个海洋生命的基础，是坚固的"金字塔基"。它们主要包括在水中随波逐流的浮游藻类和在海底生长的大型藻类。

海洋生物种类繁多

浮游藻类如硅藻、绿藻等，它们个体微小而形状各异，如有圆形、方形、三角形、针形等。若仅从外表看上去，你绝对想不到它们竟然是活生生的植物。大型藻类有人们熟悉的紫菜、海带等。它们在海底构成"海底农场"，有森林，又有草原。有一种巨藻，堪称世界植物之最，从几十米至上百米，最高可达500米高，重达180多千克，生长速度极快，一年可长50余米，而且它的年龄可长达12年之久。海藻在工业、农业、食品及药用方面都有很重要的价值，除食用外，还可从中提取褐藻胶、琼脂、甘露醇、碘等，可作为一种新的生物能源。

海洋生物中最重要、最活泼的当属动物资源。其中有1.5～4万种鱼类，对虾等壳类2万多种，贝壳等软体动物8万多科，还有鲸、海参、海豹、海象、海鸟等，构成了生机盎然的海洋世界，也构成了经济效益很好的海洋水产业。其中鱼类是水产品的主体，也最重要。

目前，全世界从海洋中捕捞的6000万吨水产品中，90%是鱼类，其余为鲸类、甲壳类和软体动物等。鱼类种类较多，可供食用的就有1500多种。鱼类可谓全身是宝，营养、经济价值很高，含有大量的蛋白质，味道鲜美。据说，吃鱼可使人大脑聪明，还有的鱼具有医疗价值和可以作为精细化工业的贵重原料。

海 龟

在水产中，鱼、虾、蟹总是相提并论的，它们不仅是席上珍馐，而且可从它们的甲壳中提取许多有用的东西——甲壳质，在工业上用途很广。其中生长在南极的一种磷虾被誉为"21世纪的流行食品"，因为它有着极为惊人的资源量和很高的营养价值。在南极，磷虾是鲸类吞食的对象，小小磷虾喂巨鲸，这也是一件奇闻吧。

贝类种类繁多，遍布于各个海区，又比较容易找到，所以在过去，人们早已开始捕获它们，其中比较有经济价值的是鲍鱼、贻贝、扇贝、蛏子、牡蛎、乌贼、章鱼、鱿鱼等。它们都是味道鲜美，营养丰富的人们喜爱的食品。而且，有的贝壳可以从中取药，有的还有观赏价值，是贝雕的优良材料。我国特产的美术工艺品之一——大珠母贝座雕，其美丽精细令人叹为观止。在贝类中，还有一点值得称奇的就是珍珠。我国是珍珠发祥地，尤其以南海珍珠在世界上最负盛名，它主要是由生活在热带、亚热带海区的珠母贝和珍珠贝生成的。那一粒粒晶莹皎洁的珍珠，是海洋引以为豪的结晶。

在海洋中，有一个不可忽视的部分就是海洋微生物，主要是细菌、放线菌、霉菌、酵母菌、病毒等，它们数量极大，分布不均。假设海洋中没有微生物存在，那么海洋中一切物质就不能迥圈。但它们的活动，也使渔业生产遭到一定的损失。

什么是海洋生态系统

什么是海洋生态系统？要了解这个问题，首先得知道什么是生态系统。生态系统是一架活机器，有结构，有功能，它是指在一定的空间内，所有的生物和非生物成分构成了一个互相作用的综合体，这是一个动态的系统。在这个动态系统中有物质的循环，有能量的流动，犹如一架不需要人操纵的自动机器，自然而然地运转。对于海洋生态系统来说，生物群落如相互联系的动物植物、微生物等是其中的生物成分，而非生物成分即海洋环境，如阳光、空气、海水、无机盐等。海洋环境又可划分为大小

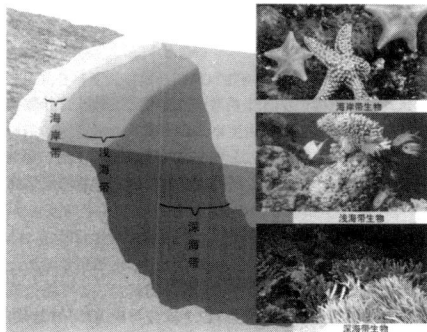

海洋生态系统示意图

不一的范围，小至一个潮塘、一块岩礁、一丛海草；大到一个海湾，甚至整个海洋。

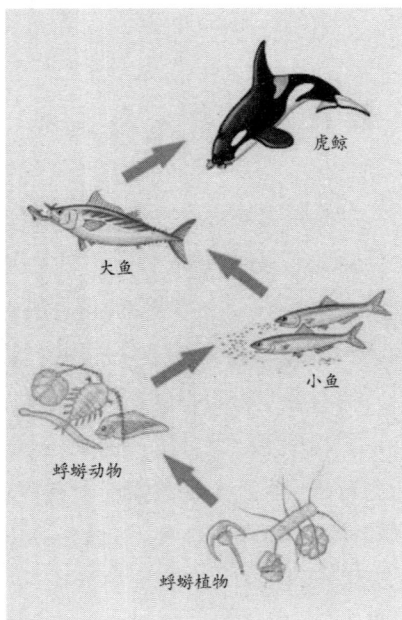

海洋生态系统

这些生态系统机器虽然大小不一，但都有相似的结构和功能，即有物质的循环，有能量的流动。举一个在海洋中最普通的例子：大鱼吃小鱼，小鱼吃虾，虾吞海瘴，瘴食海藻，海藻从海水中或海底中吸收阳光及无机盐等进行光合作用，制造有机物质，维持着这个弱肉强食的食物链。

但海洋环境中的无机物质又来自何方？这就靠那令人生厌的"分解者"——微生物将大鱼、小鱼、虾、瘴及藻的遗体分解掉，使其回归到周围环境中去。从哪里来到哪里去，这就是生态系统物质循环的一般规律。在这个生态系统中，包括三个成员：无生命的海洋环境（物质和能量），生产者就是海藻等植物；消费者，不管是大鱼、小鱼、虾还是海瘴，它们都不能自己制造有机物质，而只能靠捕食为生；再就是分解者了，主要是微生物，它们是辛勤的"清道夫"，如果没有它们，海洋恐怕用不了多长时间就会被动植物的排泄物或遗体填满了。在这个物质循环链中，缺少哪个环节都不行，它们相互依存，相互制约，相克相生，真是"一荣俱荣，一损俱损"。现在日益严重的海洋污染已严重威胁到海洋生态系统的平衡，赤潮的频繁发生，"死海"的不断出现就是如山铁证。

物质可以循环，而能量却不能循环。它只能从一个环节流向另一个环节，而且只能是单向的，没有回头路。在上一环节与下一环节之间，将有大量的能量以热能形式等散失掉，只有约 10% 的能量从上一级传到下一级。在海洋生态系统中，这个 10% 可以升高至 22%～25%，但能量的递减是不可避免的，这可用"生态金字塔"来形容。塔基是广大的劳动群众——生产者，如海藻，它从海水中吸收太阳辐射能，将之转化为这个生态系统的能量基础，所以说海洋浮游植物是整个海洋生态系统的基础。事实上陆地生态系统也是如此，但最终驱动整个生物圈生态系统"活机器"运转的动力却来自太阳辐射能，塔基以上都是不劳而获的掠夺者，但它们之间却充满了弱肉强食的战争，位于塔尖的往往是数量极少，形单影只的最高统治者，例如一条大鱼——鲨鱼。

海洋生态系统景观

海洋生态系统的物质循环和能量流动都是一个动态的过程，在无外界干扰的情况下，就会达到一个动态平衡状态。因此，过度地开采与捕捞海洋生物，就会导致一个环节生物量的减少，这也必然导致下一个相连环节生物数量的减少。如此环环相扣的食物链上，一个环节的破坏，就会导致整个食物链乃至整个海洋生态系统平衡的破坏，反过来，就会影响捕捞产量。近年来由于鱼虾等水产品的过度捕捞，破坏力超过了生物的繁殖力，使鱼虾等难以大量生存繁殖。这就是今年南海休渔的原因之一。另外，海洋污染是海洋生态系统平衡失调的一大"罪魁"。海洋遭受污染时，首先受到危害的就是海洋动植物，而最终受损的还是人类自身利益。

什么是生态食物链

生态系统中贮存于有机物中的化学能在生态系统中层层传导，通俗地讲，是各种生物通过一系列吃与被吃的关系，把这种生物与那种生物紧密地联系起来，这种生物之间以食物营养关系彼此联系起来的序列，在生态学上被称为食物链。按照生物与生物之间的关系可将食物链分为捕食食物链、腐食食物链（碎食食物链）和寄生食物链。

"食物链"一词是英国动物学家埃尔顿于1927年首次提出的。如果一种有毒物质被食物链的低级部分吸

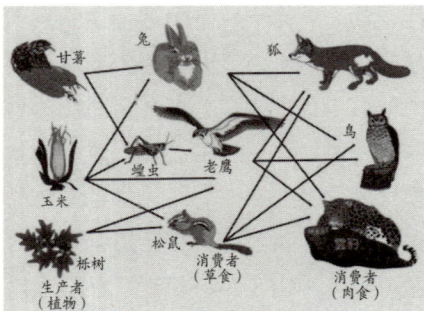

自然生态食物链

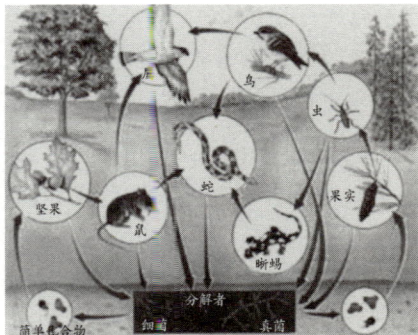

陆地生态食物链

收，如被草吸收，虽然浓度很低，不影响草的生长，但兔子吃草后有毒物质很难排泄，当它经常吃草，有毒物质会逐渐在它体内积累。鹰吃大量的兔子，有毒物质会在鹰体内进一步积累。因此食物链有累积和放大的效应。美国国鸟白头鹰之所以面临灭绝，并不是被人捕杀，而是因为有害化学物质 DDT 逐步在其体内积累，导致其生下的蛋皆是软壳，无法孵化。一个物种灭绝，就会破坏生态系统的平衡，导致其物种数量的变化，因此食物链对环境有非常重要的影响。

食物链是一种食物路径，以生物种群为单位，联系着群落中的不同物种。食物链中的能量和营养素在不同生物间传递着，能量在食物链的传递表现为单向传导、逐级递减的特点。食物链很少包括六个以上的物种，因为传递的能量每经过一阶段或食性层次就会减少一些，所谓"一山不能有

二虎"便是这个道理。

生态系统中的生物虽然种类繁多，并且在生态系统中分别扮演着不同的角色，但根据它们在能量和物质运动中所起的作用，可以归纳为生产者、消费者和分解者三类。

生产者主要是绿色植物——能用无机物制造营养物质的自养生物，这种功能就是光合作用，也包括一些化能细菌（如硝化细菌），它们同样也能够以无机物合成有机物。生产者在生态系统中的作用是进行初级生产或称为第一性生产，因此它们就是初级生产者或第一性生产者，其产生的生物量称为初级生产量或第一性生产量。生产者的活动是从环境中得到二氧化碳和水，在太阳光能或化学能的作用下合成碳水化合物（以葡萄糖为主）。因此太阳辐射能只有通过生产者，才能不断地输入到生态系统中转化为化学能即

生物能，成为消费者和分解者生命活动中唯一的能源。

消费者属于异养生物，是那些以其他生物或有机物为食的动物，它们直接或间接以植物为食。根据食性不同，消费者可以区分为食草动物和食肉动物两大类。食草动物称为第一级消费者，它们吞食植物而得到自己需要的食物和能量，这一类动物包括一些昆虫、鼠类、野猪一直到象。食草动物又可被食肉动物所捕食，这些食肉动物称为第二级消费者，如瓢虫以蚜虫为食，黄鼠狼吃鼠类等，这样，瓢虫和黄鼠狼等又可称为第一级食肉者。又有一些捕食小型食肉动物的大型食肉动物如狐狸、狼、蛇等，称为第三级消费者或第二级食肉者。又有以第二级食肉动物为食物的如狮、虎、豹、鹰、鹫等猛兽猛禽，就是第四级消费者或第三级食肉者。此外，寄生物是特殊的消费者，根据食性可看作是食草动物或食肉动物。但某些寄生植物如桑寄生、槲寄生等，由于能自己制造食物，所以属于生产者。而杂食类消费者是介于食草性动物和食肉性动物之间的类型，既吃植物，又吃动物，如鲤鱼、熊等。人的食物也属杂食性。这些不同等级的消费者从不同的生物中得到食物，就形成了"营养级"。

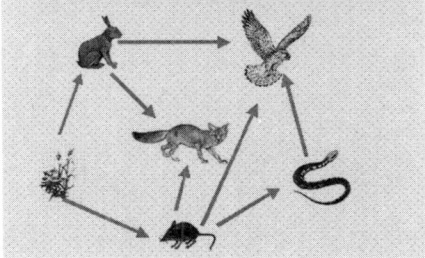

在一个生态系统中多条食物链彼此连接交叉形成一种网状联系。

生态食物链示意图

由于很多动物不只是从一个营养级的生物中得到食物，如第三级食肉者不仅捕食第二级食肉者，同样也捕食第一级食肉者和食草者，所以它属于几个营养级。而最后达到人类是最高级的消费者，他不仅是各级的食肉者，而且又以植物作为食物。所以各个营养级之间的界限是不明显的。

实际上，在自然界中，每种动物并不是只吃一种食物，因此形成一个复杂的食物链网。

分解者也是异养生物，主要是各种细菌和真菌，也包括某些原生动物及腐食性动物如食枯木的甲虫、白蚁，以及蚯蚓和一些软体动物等。它们把复杂的动植物残体分解为简单的化合物，最后分解成无机物归还到环境中去，被生产者再利用。分解者在物质循环和能量流动中具有重要的意义，因为大约有 90% 的陆地初级生产量都必须经过分解者的作用而归还给大地，再经过传递作用输送给绿色植物进行光合作用。所以分解者又可称为还原者。

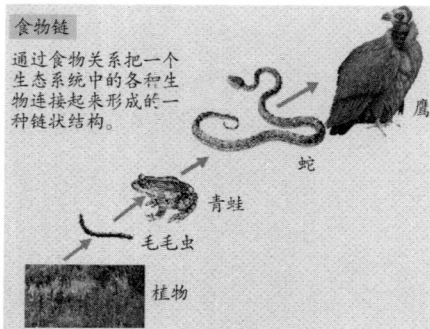

食物链
通过食物关系把一个生态系统中的各种生物连接起来形成的一种链状结构。

生态食物链示意图

食物链是不能根据自己的愿望来改变的，如果改变不当，则会对生物产生极大的影响。

食物链又称为"营养链"。指生态系统中各种生物以食物联系起来的链锁关系。例如池塘中的藻类是水蚤的食物，水蚤又是鱼类的食物，鱼类又是人类和水鸟的食物。于是，藻类→水蚤→鱼类→人或水鸟之间便形成了一种食物链。根据生物间的食物关系，可将食物链分为三类：

（1）捕食性食物链。它是以植物为基础，后者捕食前者。如青草→野兔→狐狸→狼。

（2）碎食性食物链。指以碎食物为基础形成的食物链。如树叶碎片及小藻类→虾（蟹）→鱼→食鱼的鸟类。

（3）寄生性食物链。以大动物为

基础，小动物寄生到大动物上形成的食物链。如哺乳类→跳蚤→原生动物→原生动物→细菌→过滤性病毒。

水稻→稻螟虫→青蛙→蛇

水稻→稻螟虫→麻雀

水稻→麻雀（麻雀是杂食性的，既吃水稻种子又吃昆虫）。

2. 植物→秧鸡→鹰

浮游植物→浮游动物→小鱼→白鹭。

海洋生物与食物链

在海洋生物群落中，从植物、细菌或有机物开始，经植食性动物至各级肉食性动物，依次形成被食者与摄食者的营养关系称为食物链，亦称为"营养链"。食物网是食物链的扩大与复杂化，它表示在各种生物的营养层次多变的情况下，形成的错综复杂的网络状营养关系。物质和能量经过海洋食物链和食物网的各个环节所进行的转换与流动，是海洋生态系统中物质循环和能量流动的一个基本过程。

营养层次

海洋浮游植物和底栖植物是最主要的初级生产者。它们为植食性动物，如钩虾、哲水蚤等浮游甲壳动物，蛤仔、鲍等软体动物，鳎、遮目

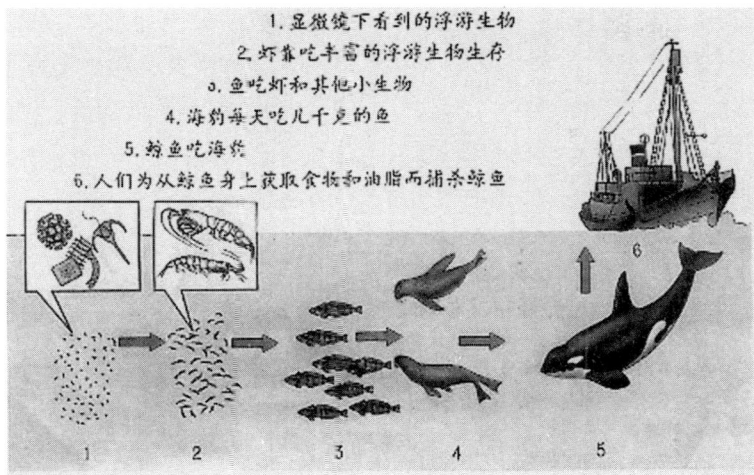

1. 显微镜下看到的浮游生物
2. 虾靠吃丰富的浮游生物生存
3. 鱼吃虾和其他小生物
4. 海豹每天吃几千克的鱼
5. 鲸鱼吃海豹
6. 人们为从鲸鱼身上获取食物和油脂而捕杀鲸鱼

海洋中的食物链

鱼等鱼类，提供食料。植食性动物为一级肉食性动物所食，如海蜇、箭虫、海星、对虾、许多鱼类、须鲸等。一级肉食性动物又为二级肉食性动物（大型鱼类和大型无脊椎动物）所食。随后，它们再被三级肉食性动物（凶猛鱼类和哺乳动物）所食。依此构成食物链，食物链中的各个生物类群层次，叫做营养层次。

类别

海洋中的初级生产者——海洋植物，很大部分不是直接被植食性动物所食用，而是死亡后被细菌分解为碎屑，然后再为某些动物所利用。因此，如同在陆地上和淡水中的情况一样，在海洋生态系中也存在着相互平行、相互转化的两类基本食物链：一类是以浮游植物和底栖植物为起点的植食食物链，另一类是以碎屑为起点的碎屑食物链。

海洋植物

海洋中无生命的有机物质除以碎屑形式存在外，还有大量的溶解有机物，其数量比碎屑有机物还要多好几倍。它们在一定条件下可形成聚集物，成为碎屑有机物，而为某些动物所利用。所以，在海洋生态系统的物质循环和能量流动中，碎屑食物链的作用不一定低于植食食物链。

此外，在海域中还存在一条腐食食物链。它以营腐生生活的细菌和以化学能合成的细菌为起点，在海洋生态系中也有一定的作用。

特点

海洋食物链较长，经常达到4～5级。而陆生食物链通常仅有2～3级，很少达到4～5级。海洋食物链的许多环节是可逆的、多分枝的，加上碎屑食物链、植食食物链和腐食食物链相互交错，网络状的营养关系比陆地的更多样、更复杂。因此，在海洋中用食物网更能确切表达海洋生物之间的营养关系。

食物链和食物网是物质和能量流动的渠道

物质和能量的传递

食物链只表示有机物质和能量从一种生物传递到另一种生物中的转移与流动方向，而不表示每一营养层次所需的有机物和能量的数量（即生物量和热量）。这些量的大小须视不同摄食者对所摄食食物的实际利用率，或者说依被食者向摄食者的转换效率而定。从中可以看出磷虾为鳀所食时转换效率接近10%，为鲹所食时为7%左右，而为鲌所食时则为4%左右。这说明同一种饵料由于摄食者不同，转换效率也不同。其次，鲌摄食磷虾的效率为4%左右，若中间经过鳀的环节，按磷虾→鳀→鲌这一条食物链流动的情形几乎约低半个以上的数量级。

可见食物链每升高一个层次，有机物质和能量就会有很大的损失。食物链的层次越多，总体效率就越低。因此，从初级生产者浮游植物、底栖植物或碎屑算起，处于食物链层次越高的动物，其相对数量越少；相反，处于食物链层次越低的动物，其相对数量越多。这便构成了生物量金字塔和能量金字塔。

食物网

在自然界中，一种生物往往摄食多种生物，而它本身也为多种生物所食。因而每种生物在一个海域中是处于不同食物链的不同环节，或者说处于不同的营养层次之中。这样，整个海域中各种生物彼此之间的食物关系就成了一个错综复杂的网络结构。事实上，同一种鱼也依其发育生长阶段、季节和所在海域的不同，其饵料也各异，因而食物网的结构是可变的。

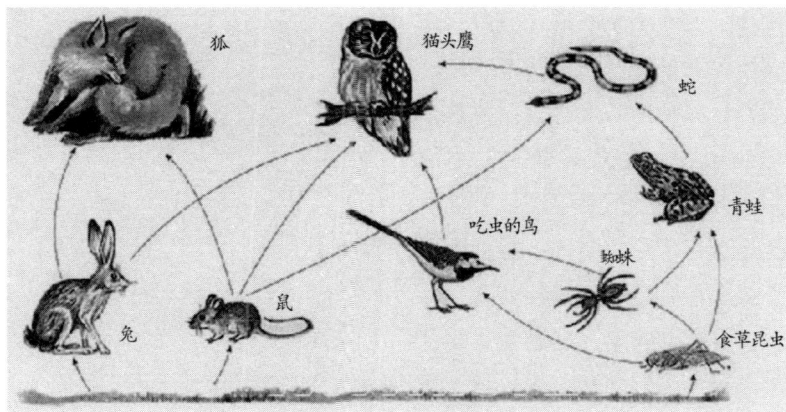

温带草原生态系统的食物网简图

海洋中的生命"金字塔"

对于海洋生物，无论是种群类型，还是它们各自种群的数量，都是非常之大的。到目前为止，谁也无法用确切的数字阐明海洋有多少个体的生物。不难看出，海洋生物之间的关系是何等复杂。那么，有没有什么方法来表达海洋生物种群的关系呢？生物学家经过多年观察研究，选择了用海洋食物链的方式来表达海洋生物间的互为依赖关系。具体的表达方式是，通过一系列生物的摄食方式，使得生物之间能量依次进行转移；同时，在每级能量转化过程中，一部分的潜在能量在进入生物体内后变为热量而消失。

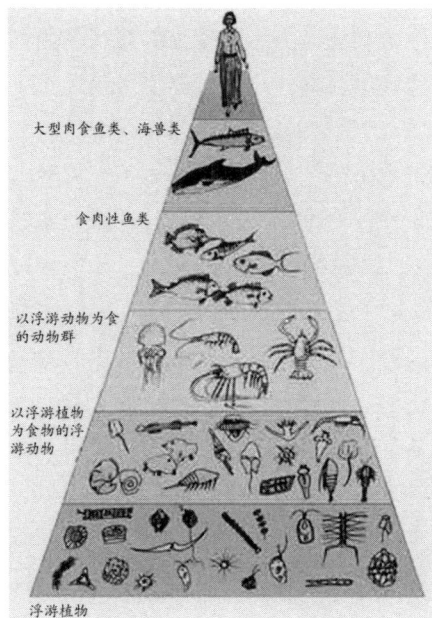

构成海洋生物量的金字塔

非常有趣的是，在海洋中，各种生物种群的食物关系呈食物金字塔的形式排列。海洋生物学家曾做过这样的研究报告：处在这座食物金字塔最低部的，是各种硅藻类。它们是海洋中的单细胞植物，其数量非常之巨大。我们假定，生物金字塔最低部的硅藻类是 454 千克。在这一层的上边是微小的海洋食草类动物，或者叫浮游动物。这些动物是以硅藻为食而获取热量。这一层的动物要维持其正常生活，需食用 45.4 千克硅藻。那么，再上一层是鲱鱼类，鲱鱼为获取热量，维持生命，需食用 4.54 千克的浮游动物。当然，鲱鱼的存在又为鳕鱼提供食物，显然，鳕鱼又是更上一层动物的食物了。鳕鱼为获取热量和正常生活，需要食用 0.454 克的鲱鱼为食。不难看出，每上升一级，食物以 10％ 的几何级数减少；相反，每下降一级，其食物量又以 10％ 的几何数而增加，呈一个下大上小的金字塔形。通过海洋食物链建起的金字塔，经过四至五级的能量依次转移，维持各生命群体之间的平衡。当接近海洋食物金字塔的顶端时，生物的数量比起底部的来说，变得非常之少。在海洋中，处在顶部的是海洋哺乳类，如海兽等。

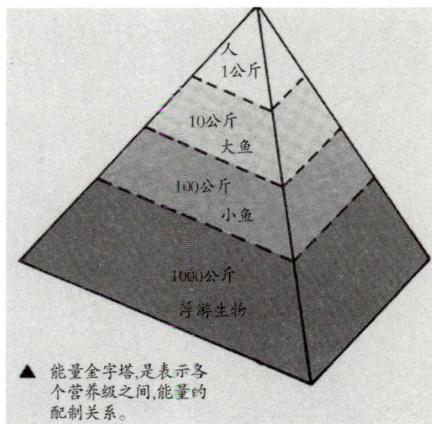

▲ 能量金字塔，是表示各个营养级之间，能量的配制关系。

生物能量金字塔

我们所说的海洋食物链，就其存在方式有两种：一种是放牧食物链。这种食物链是从绿色植物，例如浮游植物类等，转换到放牧的食草动物中，并以食活的植物为生，顶端是以食肉生物为最后的终点。这个过程，就是我们时常说的"大鱼吃小鱼，小鱼吃虾米，虾米吃泥土（浮游生物）"。第二种方式是腐败或腐质食物链。这一食物链的转移方式是：从死亡的有机物开始，得到微生物，并以摄食腐质的生物为生的捕食者为最终点。实际上，在海洋中，这两种类型的食物链是相互连接的；有时也不是非按某种特定的方式来进行，而是有交叉，有连接，多种方式混合进行的。

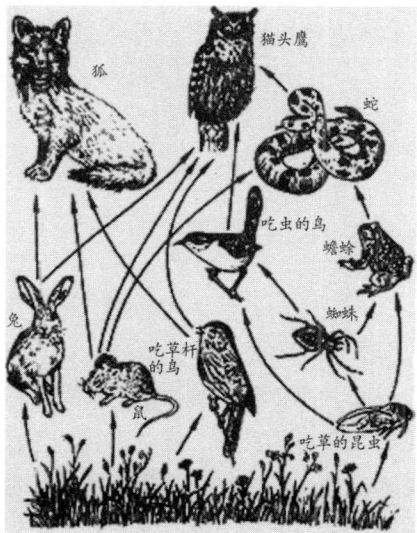

生态系统结构示意图

在海洋中生活着数10万种动物。在这些动物中，除虎鲸和鲨鱼等凶猛的食肉动物之外，绝大多数的鱼类都是"和平共处"，相安无事，因此，海洋动物实际上是地球上种类和数量最多的动物。说起来令人难以置信，地球上最大的动物——鲸类（须鲸），是以海洋中几乎是最小的动物——小鱼和磷虾为食。这看上去似乎有些不合情理，但是，细细研究一下它们之间的特殊关系，又觉得这是情理之中的事。在海洋中，磷虾不仅数量巨大，而且聚集在一起密度也很高。它们似乎是按照某种"指令"聚集成一团又一团，专等须鲸来食用。否则的话，身躯庞大的须鲸整日在茫茫海洋中疲于奔命，寻找捕获食物，无论如

何都是无法填饱肚子的。同样，磷虾以其顽强的生命力，特有的繁殖力，建立起最为庞大的密集群体，源源不断地为须鲸提供食物。这一切，似乎是经过上帝精心设计安排好的。亿万年来，这种奇特的金字塔式的生物种群间的关系，维系着海洋生物种群间的生命存在方式。这种生命维系关系，称为海洋食物链，或称海洋食物网。

与陆地食物链相比，海洋中各种生物建立起的食物链是非常有效的。在通常情况下，海洋食物链比陆地食物链具有更多环节。实际上，无论是陆地，还是海洋，生物之间的食物链并非是那么单纯，而是极为复杂的。正是出于这一点，生物学家赞成使用海洋食物网的概念。海洋食物链所表达的是在各个营养级发生转变的摄食关系，然而，海洋食物链的营养级在许多时候产生逆转和分枝，而用食物网的概念去描述，能将复杂的海洋生物摄食模式准确地反映出来。

海洋食物网

在自然界中，一个单纯的食物链几乎是不存在的，而总是由许多长短不同的食物链相互交错，形成一个复杂的食物网。不止如此，即使是食物网之间也经常有交错，相互联系。例

如北极熊不只捕食海豹一种生物，还捕食鱼类；再比如大虾有时也摄食尚未长大的小鱼。此外，很多动物在生长过程中的不同阶段，会发生食性的改变，例如有些种类的海龟在小的时候只吃植物，而长大之后则主要捕食动物，因此，其在食物链中经常处于不同的营养层次。现在应用食物链这一概念时，已经概括了食物网的含义。

科学家为了研究方便起见，提出了"简化食物网"的概念，即将取食同样的被食者并具有同样的捕食者的不同物种，例如都捕食虾的鱼类和乌贼，而这些鱼和乌贼都被海鸟捕食，或相同物种的不同发育阶段，归并在一起作为一个"营养物种"。以"营养物种"来描绘食物网结构就是"简化食物网"。

海洋食物链的分级

海洋是地球生物圈的重要组成部分，也是最大的一个生态系统。海洋生态系统与陆地生态系统的主要生物组成有着很大的不同，食物链和食物网也有着自身独有的特性。

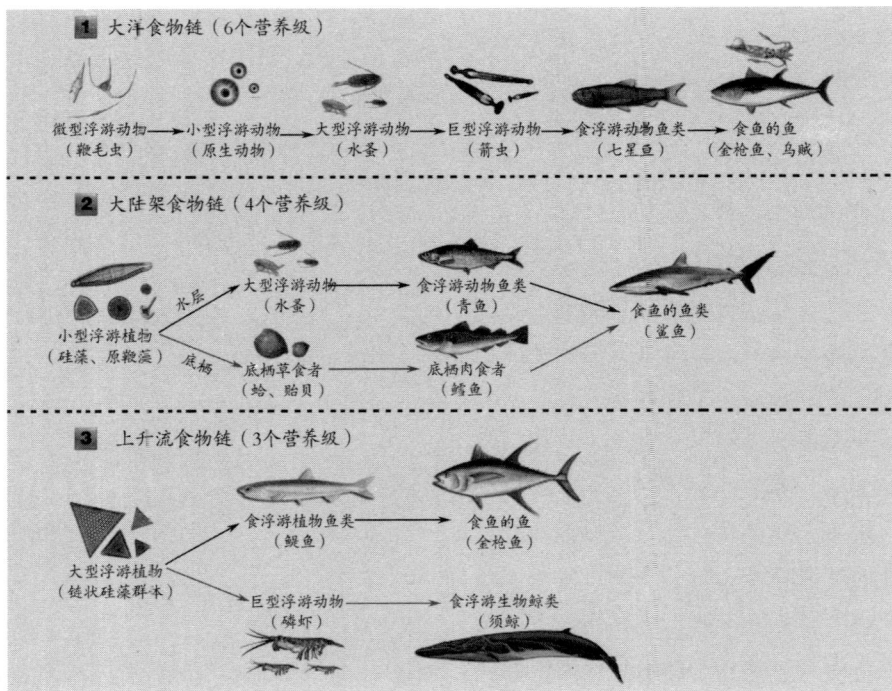

1 大洋食物链（6个营养级）

微型浮游动物（鞭毛虫）→ 小型浮游动物（原生动物）→ 大型浮游动物（水蚤）→ 巨型浮游动物（箭虫）→ 食浮游动物鱼类（七星鱼）→ 食鱼的鱼（金枪鱼、乌贼）

2 大陆架食物链（4个营养级）

小型浮游植物（硅藻、原鞭藻）水层 → 大型浮游动物（水蚤）→ 食浮游动物鱼类（青鱼）→ 食鱼的鱼类（鲨鱼）
底栖 → 底栖草食者（蛤、贻贝）→ 底栖肉食者（鳕鱼）

3 上升流食物链（3个营养级）

大型浮游植物（链状硅藻群本）→ 食浮游植物鱼类（鳀鱼）→ 食鱼的鱼（金枪鱼）
→ 巨型浮游动物（磷虾）→ 食浮游生物鲸类（须鲸）

海洋食物链营养级

海洋生物营养层次

在自然界中，一个单纯的食物链几乎是不存在的，而总是由许多长短不同的食物链相互交错，形成一个复杂的食物网。不止如此，即使是食物网之间也经常有交错，相互联系。

与陆地上食物链相比，海洋中各种生物建立起的食物链是非常有效的。海洋食物链在通常情况下，比陆地食物链具有更多环节。实际上，无论是陆地，还是海洋里，生物之间的食物链并非是那么单纯，而是极为复杂的，例如北极熊不仅捕食海豹一种生物，还捕食鱼类；大虾有时也会摄食没长大的小鱼等。

正是基于这一点，生物学家赞成使用"海洋食物网"这一概念。海洋食物链所表达的是在各个营养级发生转变的摄食关系，然而，海洋食物链

的营养级在许多时候会产生逆转和分枝，所以用食物网的概念去描述，能将复杂的海洋生物摄食模式准确反映出来。

海洋食物链的存在方式

海洋生物的种类和数量是非常巨大的，而且海洋生物之间关系也是非常复杂的。

海洋食物链主要有两种基本的存在方式：一种是"牧食食物链"。这种食物链是从绿色植物开始，例如小型浮游微藻转换到浮游动物或者较大的植食性动物中，食物链的顶端主要是肉食性鱼类。第二种形式是"碎屑食物链"，即以碎屑为起点的食物链。食物的转移方式是：从碎屑，包括死亡的有机物、动物粪便、小型原生动物和细菌等，到取食碎屑的小螃蟹、小鱼，以较大的食肉动物如大鱼、海鸟等为最终点。

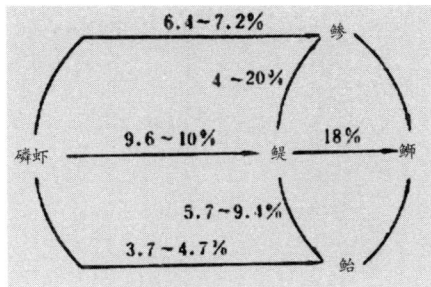

食物链转换效率示意图

"海洋牧食食物链"又可分细分为三种类型：大洋食物链、沿岸食物链和上升流食物链。由于这三种水域的环境特点、生活的海洋生物种类不同，其食物链的长短，也就是营养级的数量也不一样。大洋区的生物种类食物链的营养级最多，其次是沿岸食物链，上升流食物链的营养级最少。

第一级别 显微镜下的浮游生物

海洋微生物及其特性

海洋微生物是指以海洋水体为正常栖居环境的一切微生物。但由于学科传统及研究方法的不同，本文不介绍单细胞藻类，而只讨论细菌、真菌及噬菌体等狭义微生物学的对象。海洋细菌是海洋生态系统中的重要环节。作为分解者，它促进了物质循环；在海洋沉积成岩及海底成油成气过程中，都起了重要作用。还有一小部分化能自养菌则是深海生物群落中的生产者。海洋细菌会污损水工构筑物，在特定条件下其代谢产物如氨及硫化氢也会毒化养殖环境，从而造成养殖业的经济损失。但海洋微生物的颉颃作用可以消灭陆源致病菌，它的三大分解潜能几乎可以净化各种类型的污染，它还可能提供新抗生素以及

其他生物资源，因而随着研究技术的发展，海洋微生物日益受到重视。

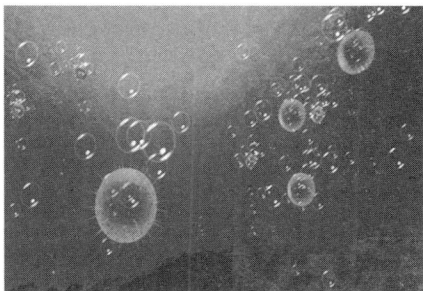

海洋微生物

与陆地相比，海洋环境以高盐、高压、低温和稀营养为特征。海洋微生物长期适应复杂的海洋环境而生存，因而有其独有的特性。

嗜盐性

嗜盐性是海洋微生物最普遍的特点。真正的海洋微生物的生长必需海水。海水中富含各种无机盐类和微量元素。钠为海洋微生物生长与代谢所

必需。此外，钾、镁、钙、磷、硫或其他微量元素也是某些海洋微生物生长所必需的。

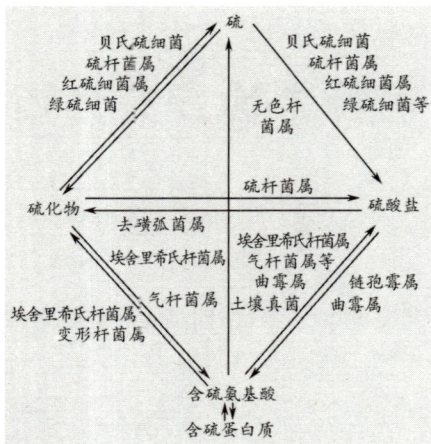

海洋中的硫的循环

嗜冷性

大约 90％ 海洋环境的温度都在 5℃ 以下，绝大多数海洋微生物的生长要求较低的温度，一般温度超过 37℃ 海洋微生物就会停止生长或死亡。那些能在 0℃ 生长或其最适生长温度低于 20℃ 的微生物称为嗜冷微生物。嗜冷菌主要分布于极地、深海或高纬度的海域中。其细胞膜构造具有适应低温的特点。那种严格依赖低温才能生存的嗜冷菌对热反应极为敏感，即使中温就足以阻碍其生长与代谢。

嗜压性

海洋中静水压力因水深而异，水深每增加 10 米，静水压力递增 1 个标准大气压。海洋最深处的静水压力可超过 1000 大气压。深海水域是一个广阔的生态系统，约 56％ 以上的海洋环境处在 100～1100 大气压的压力之中，嗜压性是深海微生物独有的特性。来源于浅海的微生物一般只能忍耐较低的压力，而深海的嗜压细菌则具有在高压环境下生长的能力，能在高压环境中保持其酶系统的稳定性。研究嗜压微生物的生理特性必须借助高压培养器来维持特定的压力。对于那种严格依赖高压而存活的深海嗜压细菌，由于研究手段的限制，迄今尚难获得纯培养菌株。根据自动接种培养装置在深海实地实验获得的微生物生理活动资料判断，在深海底部微生物分解各种有机物质的过程是相当缓慢的。

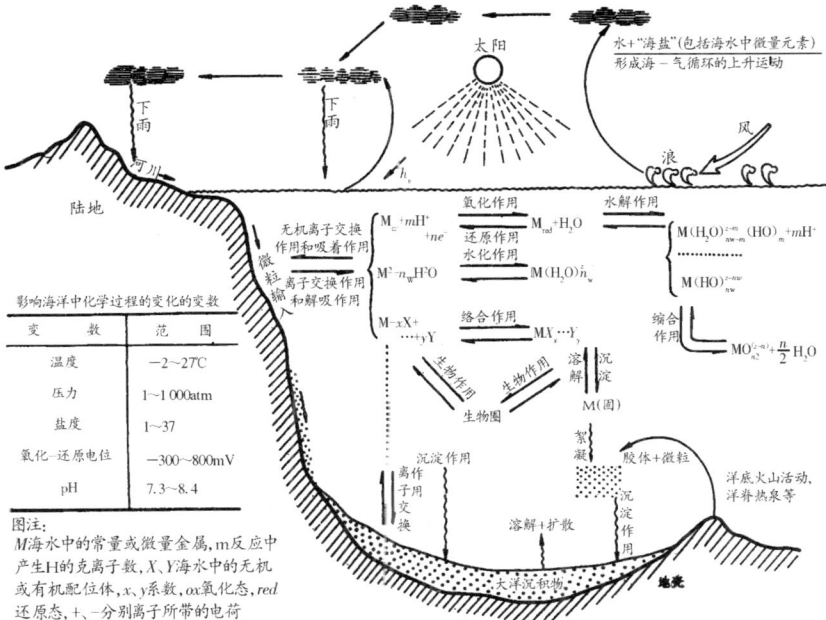

海洋的化学模型示意图

低营养性

海水中营养物质比较稀薄，部分海洋细菌要求在营养贫乏的培养基上生长。在一般营养较丰富的培养基上，有的细菌于第一次形成菌落后即迅速死亡，有的则根本不能形成菌落。这类海洋细菌在形成菌落过程中因其自身代谢产物积聚过甚而中毒致死。这种现象说明常规的平板法并不是一种最理想的分离海洋微生物的方法。

趋化性与附着生长

海水中的营养物质虽然稀薄，但海洋环境中各种固体表面或不同性质的界面上吸附积聚着较丰富的营养物。绝大多数海洋细菌都具有运动能力。其中某些细菌还具有沿着某种化合物浓度梯度移动的能力，这一特点称为趋化性。某些专门附着于海洋植物体表而生长的细菌称为植物附生细菌。海洋微生物附着在海洋中生物和非生物固体的表面，形成薄膜，为其他生物的附着造成条件，从而形成特定的附着生物区系。

海洋生物采集

多形性

在显微镜下观察细菌形态时，有时在同一株细菌纯培养中可以同时观察到多种形态，如球形椭圆形、大小长短不一的杆状或各种不规则形态的细胞。这种多形现象在海洋革兰氏阴性杆菌中表现尤为普遍。这种特性看来是微生物长期适应复杂海洋环境的产物。

发光性

在海洋细菌中只有少数几个属表现发光特性。发光细菌通常可从海水或鱼产品上分离到。细菌发光现象对理化因子反应敏感，因此有人试图利用发光细菌作为检验水域污染状况的指示菌。

海洋微生物分布与海洋生态系统

海洋细菌分布广、数量多，在海洋生态系统中起着特殊的作用。海洋中细菌数量分布的规律是：近海区的细菌密度较大洋大，内湾与河口内密度尤大；表层水和水底泥界面处细菌密度较深层水大，一般底泥中较海水中大；不同类型的底质间细菌密度差异悬殊，一般泥土中高于沙土。大洋海水中细菌密度较小，每毫升海水中有时分离不出 1 个细菌菌落，因此必须采用薄膜过滤法——将一定体积的海水样品用孔径 0.2 微米的薄膜过滤，使样品中的细菌聚集在薄膜上，

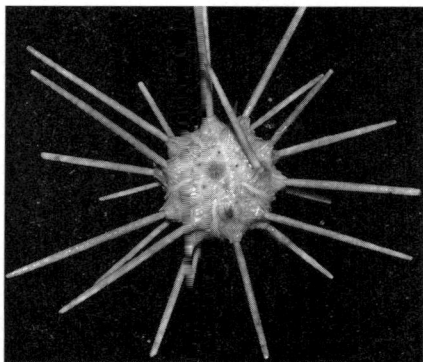

海洋细菌

再采用直接显微计数法或培养法计数。大洋海水中细菌密度一般为每40毫升几个至几十个。在海洋调查时常发现某一水层中细菌数量剧增。这种微区分布现象主要决定于海水中有机物质的分布状况。一般在赤潮之后往往伴随着细菌数量增长的高峰。有人试图利用微生物分布状况来指示不同水团或温跃层界面处有机物质积聚的特点，进而分析水团来源或转移的规律。

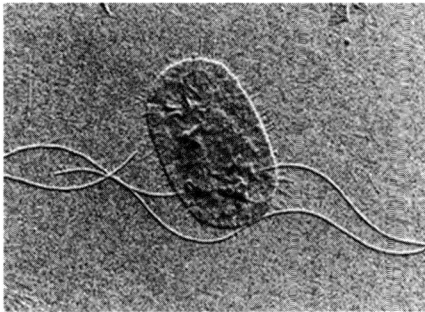

海洋细菌

海水中的细菌以革兰氏阴性杆菌占优势，常见的有假单胞菌属等10余个属。相反，海底沉积土中则以革兰氏阳性细菌偏多。芽孢杆菌属是大陆架沉积土中最常见的属。

海洋真菌多集中分布于近岸海域的各种基底上，按其栖住对象可分为寄生于动植物、附着生长于藻类和栖住于木质或其他海洋基底上等类群。某些真菌是热带红树林上的特殊菌群。某些藻类与菌类之间存在着密切

的营养供需关系，称为藻菌半共生关系。

大洋海水中酵母菌密度为每升5～10个，近岸海水中可达每升几百至几千个。海洋酵母菌主要分布于新鲜或腐烂的海洋动植物体上，多数来源于陆地，只有少数种被认为是海洋种。海洋中酵母菌的数量分布仅次于海洋细菌。

海洋堪称为"世界上最庞大的恒化器"，能承受巨大的冲击（如污染）而仍保持其生命力和生产力。微生物在其中是不可缺少的活跃因素。自人类开发利用海洋以来，竞争性的捕捞和航海活动、大工业兴起带来的污染以及海洋养殖场的无限扩大，使海洋生态系统的动态平衡遭受严重破坏。海洋微生物以其敏感的适应能力和飞快的繁殖速度在发生变化的新环境中迅速形成异常环境微生物区系，积极参与氧化还原活动，调整与促进新动态平衡的形成与发展。从暂时或局部的效果来看，其活动结果可能是利与弊兼有；但从长远或全局的效果来看，微生物的活动始终是海洋生态系统发展过程中最积极的一环。

海洋中的微生物多数是分解者，但有一部分是生产者，因而具有双重的重要性。实际上，微生物参与海洋

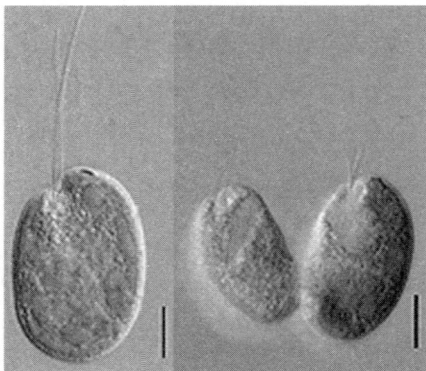

显微镜下的海洋微生物

物质分解和转化的全过程。海洋中分解有机物质的代表性菌群是：分解有机含氮化合物者有分解明胶、鱼蛋白、蛋白胨、多肽、氨基酸、含硫蛋白质以及尿素等的微生物；利用碳水化合物类者有主要利用各种糖类、淀粉、纤维素、琼脂、褐藻酸、几丁质以及木质素等的微生物；此外，还有降解烃类化合物以及利用芳香化合物如酚等的微生物。海洋微生物分解有机物质的终极产物如氨、硝酸盐、磷酸盐以及二氧化碳等都直接或间接地为海洋植物提供主要营养。微生物在海洋无机营养再生过程中起着决定性的作用。某些海洋化能自养细菌可通过对氨、亚硝酸盐、甲烷、分子氢和硫化氢的氧化过程取得能量而增殖。在深海热泉的特殊生态系中，某些硫细菌是利用硫化氢作为能源而增殖的生产者。另一些海洋细菌则具有光合

作用的能力。不论异养或自养微生物，其自身的增殖都为海洋原生动物、浮游动物以及底栖动物等提供直接的营养源。这在食物链上有助于初级或高层次的生物生产。在深海底部，硫细菌实际上负担了全部初级生产。

在海洋动植物体表或动物消化道内往往形成特异的微生物区系，如弧菌等是海洋动物消化道中常见的细菌，分解几丁质的微生物往往是肉食性海洋动物消化道中微生物区系的成员。某些真菌、酵母和利用各种多糖类的细菌常是某些海藻体上的优势菌群。微生物代谢的中间产物如抗生素、维生素、氨基酸或毒素等是促进或限制某些海洋生物生存与生长的因素。某些浮游生物与微生物之间存在着相互依存的营养关系。如细菌为浮游植物提供维生素等营养物质，浮游植物分泌乙醇酸等物质作为某些细菌的能源与碳源。

古生代海洋动植物群落

泥盆纪海洋中的动植物群落

由于海洋微生物富变异性，故能参与降解各种海洋污染物或毒物，这有助于海水的自净化和保持海洋生态系统的稳定。

海洋细菌

海洋细菌是生活在海洋中的，不含叶绿素和藻蓝素的原核单细胞生物。它们是海洋微生物中分布最广、数量最大的一类生物，个体直径常在

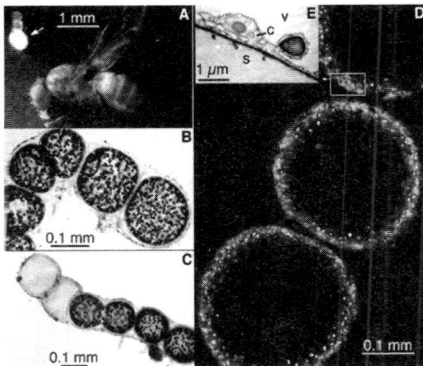

海洋细菌

1微米以下，呈球状、杆状、螺旋状和分枝丝状，无真核，细胞壁坚韧。能游动的种以鞭毛运动。严格地说，海洋细菌是指那些只能在海洋中生长与繁殖的细菌。

19世纪中期人们首次分离出一个海洋细菌，1865年分离出其中的奇异贝氏硫细菌。从1884年起，又研究深海细菌。早期只注重分类，1946年后进入以研究其生理和生态为基础的阶段。

海洋细菌有自养和异养、光能和化能、好氧和厌氧、寄生和腐生以及浮游和附着等不同类型。海水中以革兰氏阴性杆菌占优势，常见的有假单胞菌属、弧菌属、无色杆菌属、黄杆菌属、螺菌属、微球菌属、八叠球菌属、芽孢杆菌属、棒杆菌属、枝动菌属、诺卡氏菌属和链霉菌属等10多个属；洋底沉积物中以革兰氏阳性细菌居多；大陆架沉积物中以芽孢杆菌属最常见。

海洋细菌的种类和生态分布

海洋中有自养和异养、光能和化能、好氧和厌氧、寄生和腐生以及浮游和附着等类型的细菌。几乎所有已知生理类群的细菌都可在海洋环境中找到。最常见的有：假单胞菌属、弧

菌属、无色杆菌属、黄杆菌属、螺菌属、微球菌属、八叠球菌属、芽孢杆菌属、棒杆菌属、枝动菌属、诺卡氏菌属和链霉菌属等十多个属。

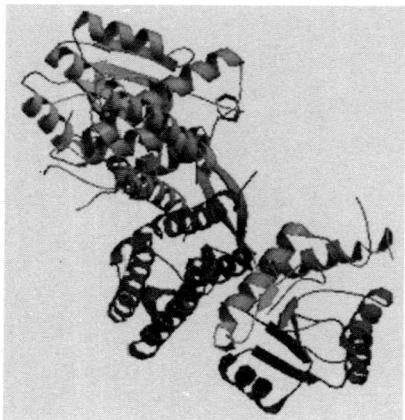

芽孢杆菌

在海水中，革兰氏阴性杆菌占优势；在远洋沉积物中，则革兰氏阳性细菌居多；在大陆架沉积物中，芽孢杆菌属最为常见。

海洋细菌在海洋中分布广、数量多，是海洋微生物中最重要的成员。其数量分布特点是，近海区的细菌密度较远洋区大，尤以内湾和河口区最大。每毫升近岸海水中一般可分离到 $10^2 \sim 10^3$ 个细菌菌落，有时超过 10^5 个；而在每毫升深海海水中，有时却分离不出一个细菌菌落。

表层海水和水底泥界面处的细菌密度较深层水大，底泥中的细菌密度一般较海水中大，泥土底质中的细菌密度一般高于沙土底质。在每克底泥中细菌数量为 $10^2 \sim 10^5$ 个，高的可达到 10^6 个以上。在海洋调查中，有时发现某水层中的细菌数量剧增，出现不均匀的微分布现象。这种现象主要是由于海水中可供细菌利用的有机物质分布不均匀所引起，一般在赤潮之后常伴随着细菌数量的剧增。

海洋中的"微型生物食物环"

海洋中细菌的作用非常复杂。海洋中的细菌不仅能分解各种动植物尸体、粪便和其他有机颗粒，把有机物分解成无机物，本身还能利用自己"制造"的无机物再生产出各种有机物。一些细菌能够进行光合作用，如蓝细菌。

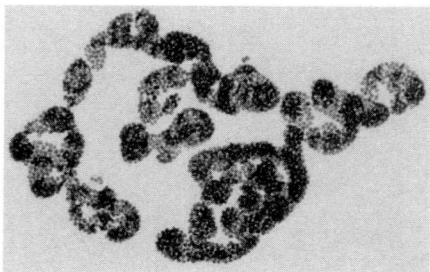

微囊蓝菌属

海洋生态系统中微型生物食物环中摄食者和被摄食者的个体大小有一定比例。通常摄食者只能摄取大约为自身大小的 1/10 的生物。细菌是许多动物的直接食物。它们能被很多微型浮游动物如鞭毛虫捕食，而鞭毛虫又被个体较大的原生动物（主要是纤毛虫）捕食，纤毛虫呢，又是水蚤、箭虫等中型浮游动物的重要食物，从而使得中型浮游动物进入了后生食牧网。这一食物关系称为"微型生物食物环"。

微型生物食物环与经典食物链之间有着密切的关系。

海洋浮游生物及分类

海洋浮游生物是指悬浮在水层中常随水流移动的海洋生物。这类生物缺乏发达的运动器官，没有或仅有微弱的游动能力；绝大多数个体很小，须在显微镜下才能看清其构造，只有

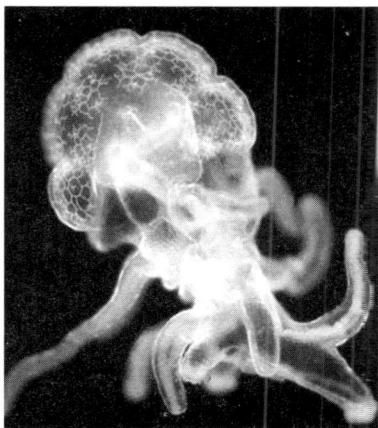

海洋浮游生物

个别种的个体甚大，如北极霞水母最大直径可达 2 米；种类繁多，隶属于植物界和动物界大多数门类；数量很大，分布较广，几乎世界各海域都有。1887 年，德国浮游生物学家 V. 亨森首先采用"Plankton"一词专指浮游生物。该词来自希腊文，意为漂泊流浪。对海洋浮游生物的研究，自 1828 年英国 J. V. 汤普森和 1845 年德国 J. 米勒算起，迄今已有 100 多年历史。第一阶段偏重于采集观察、形态分类，其中 1889 年德国北大西洋浮游生物调查队及其编写的《浮游生物调查成果》为海洋浮游生物的研究奠定了基础；意大利那不勒斯（那波利）海洋生物研究所的《那波利湾动植物志》和摩纳哥海洋研究所的《摩纳哥王子科学调查成果》，对海洋浮游生物的分类和形态研究作出了重大贡献。20 世纪 20 年代以后为第二阶段，海洋浮游生物自然生态的研究成为主要内容，着重研究它们的时空分布及其与海洋环境的关系，各种环境因子对各类海洋浮游生物生长、发育及繁殖的影响等，代表性著作有《飞马哲水蚤的生物学》等。60 年代以来为第三阶段，海洋浮游生物自然生态的研究密切结合实验生态进行，并发展到现场大容器控制生态系统的实验研究。

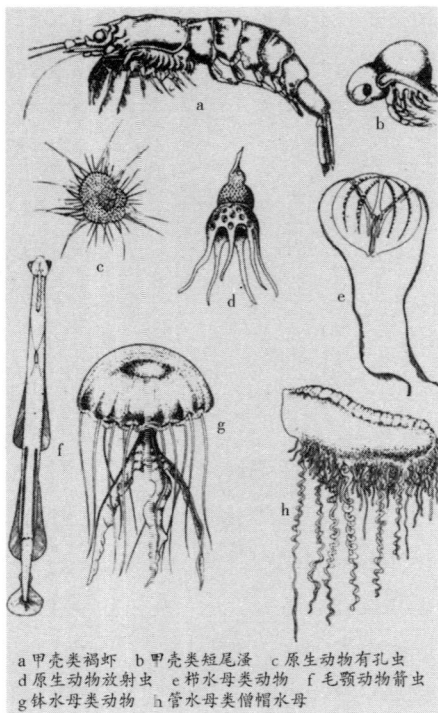

a 甲壳类褐虾 b 甲壳类短尾溞 c 原生动物有孔虫
d 原生动物放射虫 e 栉水母类动物 f 毛颚动物箭虫
g 钵水母类动物 h 管水母类僧帽水母

海洋浮游动物

最为重要。还有一类浮游单细胞生物兼有植物和动物的基本特征（具能动的鞭毛，兼备自养和异养的能力），植物学家把它列为甲藻门鞭毛藻类，动物学家则把它归入原生动物鞭毛虫纲。

按照浮游时间的长短，浮游生物可分3类：永久性浮游生物，即终生在水中浮游，大多数浮游生物属于此类；阶段性浮游生物，其幼体营浮游生活，成体则营底栖生活或游泳生活；暂时性浮游生物，指一类非浮游生物仅因环境变化、生殖等原因，有时营短期的浮游生活，如一些底栖的介形类、糠虾类。

种类组成 浮游生物包括浮游植物和浮游动物两大类。

浮游植物种类较为简单，大多是单细胞植物，其中硅藻最多，还有甲藻、绿藻、蓝藻、金藻等。

浮游动物种类繁多，结构复杂，包括无脊椎动物的大部分门类，如原生动物、腔肠动物（各类水母）、轮虫动物、甲壳动物、腹足类软体动物（翼足类和异足类）、毛颚动物、低等脊索动物（浮游有尾类和海樽类），以及各类动物的浮性卵和浮游幼体等。其中以甲壳动物，尤其是桡足类

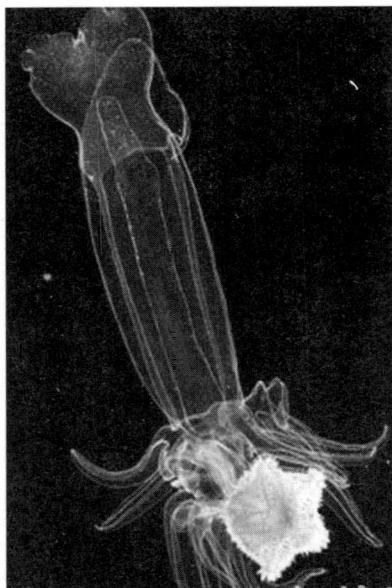

海洋浮游生物最重要的特点是能在水中保持悬浮状态

对浮游生活的适应 浮游生物最重要的特点是能在水中保持悬浮状态，具有多种多样适应浮游生活的结构和能力，主要有两种类型——扩大个体表面积或结成群体增加浮力以及减轻比重增加浮力。

扩大个体表面积或结成群体增加浮力这类现象在浮游生物中很普遍。如六角网骨藻、角刺藻有细长的角毛；桡足类有细长、多毛的第一触角和尾叉刚毛；龙虾的叶状幼体有扁平叶状的头胸部和细长分叉的胸足；等片藻、直链藻结成带状，海链藻结成链状，星杆藻连成星状等。

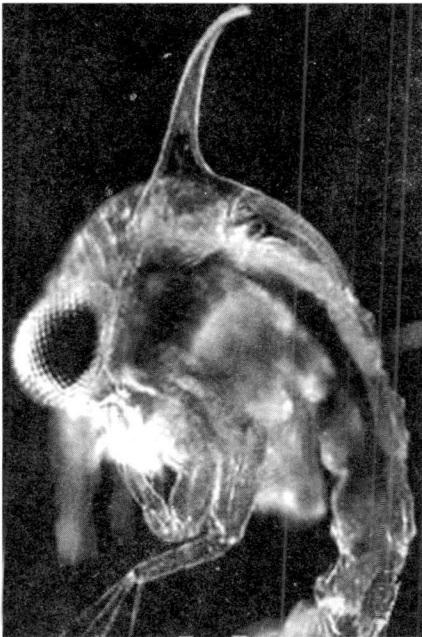

盐度也影响海洋浮游生物的平面分布

减轻比重增加浮力方式多样。①产生气、油等比水轻的物质。如管水母类僧帽水母群体顶端有一个充满气体（主要是氮）的大气囊，桡足类的哲水蚤体内有一个狭长的油囊，浮游硅藻类进行光合作用时产生油点或脂肪酸。②分泌胶质。如浮游海樽类有发达的胶质囊。③增加水分。浮游动物的含水量一般都高于底栖动物，如水母类的含水量高达 96% 以上。④外壳和骨骼退化或消失。如浮游腹足类软体动物的贝壳都比底栖种类的轻薄，有孔虫的外壳上遍布小孔，毛颚类动物无骨骼组织。

时空分布、平面分布 按照纬度的不同，浮游生物可分为寒带种（分布于北冰洋和南大洋）、温带种（分布于北、南温带海域）和热带种（分布于热带海域）。这3类在种类和数量上都有很大差异：一般来说，寒带浮游生物的种类少，每个种的数量大；而热带浮游生物的种类多，每个种的数量少；温带浮游生物的种类和每个种的数量，都介于前两类之间。发生上述分异现象的主要因子是温度。

盐度也影响海洋浮游生物的平面分布。广盐性种类分布较广，一般生活在近海，称为近岸浮游生物；狭盐性种类分布较窄，大多生活在外海，称为大洋浮游生物。

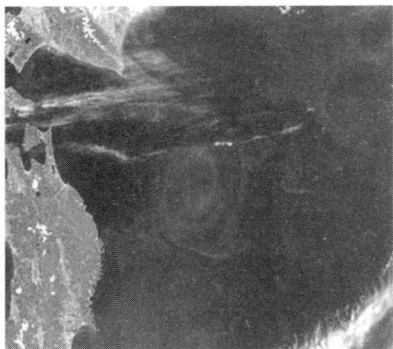

海洋大量浮游生物能吸收二氧化碳

浮游生物的平面分布还与海流密切相关,根据其分布能为探索不同水团、海流的流向和分布提供材料。如管水母类帆水母和银币水母,在东海可作为黑潮暖流的指示种。

浮游生物数量的平面分布并非均匀,常有密集成斑块状的分布现象。其成因或是风力、湍流以及水的富营养化,或是生殖、索饵活动。

垂直分布 浮游植物由于进行光合作用,仅分布在海洋有光照的上层(约0～200米,称为真光层)。蓝藻大多分布于真光层的上部,硅藻则可分布在整个真光层。浮游动物在上、中、下各个水层都有分布,但种类和数量互不相同。原生动物、轮虫类、水母类、枝角类、浮游腹足类及浮游幼虫一般分布在上层,它们与浮游植物统称为上层浮游生物。深海磷虾等种类潜居深海,被称为深海浮游生

物。其他各类浮游生物则可栖息于各个水层。在1000米以内的水层中,浮游动物的磷虾类、桡足类等种类有随着深度而增多的趋势,但其数量却随深度而减少。此外,近年来微分布的研究引起了重视,它研究栖息在0～1米表层水中的生物种类组成和数量变动。影响这个群落分布的主要因子是风力。

各类浮游动物的垂直分布不是固定不变的,其中引起变化最大的是昼夜垂直移动(一般白天下降,夜晚上升)。根据英国F.S.罗素提出的"最适光度假说",浮游动物常栖息在光度对其生命活动最为合适的水层里,光度的昼夜变化促使浮游动物进

小丑鱼借助海葵护身

行昼夜垂直移动。一般来讲，上层水中的种类和数量在夜晚显著增加。除光度外，其他外界因子如温度（温跃层能阻碍一些浮游动物上升到表层）、盐度（盐跃层对河口小型浮游动物的垂直移动也有阻碍作用）和食料等，也能影响昼夜垂直移动的幅度。

内外条件的变化也会引起浮游动物垂直分布的变动。①生殖引起的变化。如有些浮游甲壳动物在生殖期上升到表层产卵；而浮游有孔虫在生殖时却将壳上的刺吸收后，沉到中、下层。②发育引起的变化。如浮游动物幼体由于趋强光性和摄食浮游植物，栖息于上层；成体则由于背光性或趋弱光性，移栖中、下层。③摄食引起的变化。如中、下层的植食性浮游动物，晚间因需摄食浮游植物，上升到表层；中、下层的肉食性毛颚类因追逐饵料动物，夜晚随桡足类上升至表层。④天气引起的变化。如不少趋弱光性的浮游动物在阴天栖息于上层，而在晴天又移居中、下层。⑤海流引起的变化。如上升流可把下层的浮游动物带到上层等。

季节分布　在北温带海域的春季，因为表层水温升高、光照增强、营养盐（氮、磷等无机盐类）增多，浮游植物得以大量繁殖，形成一年中的第一次数量高峰。高峰之后，由于

虾虎鱼与小虾同居

营养盐大量消耗，浮游植物的繁殖受到限制，加上植食性浮游动物的大量捕食，使浮游植物的数量在夏季急剧减少。秋季，营养盐含量经积累又复增多，浮游植物再度大量繁殖，从而形成一年中的第二个高峰（但数量已不如第一个高峰）。在冬季，浮游植物又复减少。上述变动是浮游植物季节变化的一个方面；另一个方面是种类的季节交替，如夏季硅藻衰退后，甲藻起而代之。因为甲藻在高温和营养盐贫乏的季节能大量繁殖。北温带海域浮游动物的季节分布与浮游植物大致相似，但数量高峰的出现稍晚于浮游植物，一般是紧接在浮游植物高峰之后。因为浮游植物高峰的出现提

供了大量饵料，植食性浮游动物才得以大量繁殖。浮游动物也有种类的季节交替现象，如以桡足类为食的毛颚类，数量高峰常稍迟于桡足类。可见除温度外，食料也是影响浮游动物季节分布的外界因子。

上述北温带海域浮游生物的季节分布，由于一年中出现春、秋两个数量高峰，称为双周期型。在寒带海域，不论是浮游植物还是浮游动物，一年中只在夏季出现一个短暂的高峰，称为单周期型；其他季节由于光照太弱或光照完全消失，温度太低，生物无法繁殖。在热带海域，由于环境因子整年比较稳定，所以浮游生物的分布没有明显的季节变化。

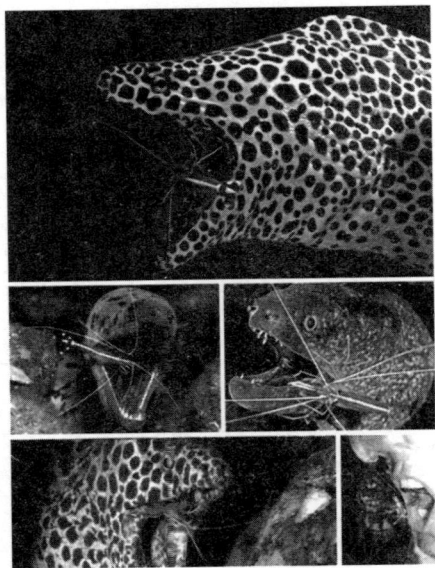

洁蟹爬进鳗鱼嘴觅食物

浮游生物在海洋生态系的结构和功能中，占着极为重要的位置。在海洋食物链中，浮游植物是初级生产者，通过光合作用，制造有机物，成为食物链的第一环节（也称第一营养阶层）。浮游植物的产量（初级生产）影响着植食性浮游动物的产量（次级生产），而后者又影响着肉食性小型动物的产量（三级生产）和肉食性大型动物的产量（终级生产）。这4级生产的数量逐级减少，构成数量或生物量的金字塔。因此，浮游生物的产量（包括初级和次级生产）是海洋生物生产力的基础，在很大程度上决定着鱼类和其他经济水产动物的产量。

在能量流动中，浮游植物把吸收的日光能转变为化学能，植食性浮游动物摄取浮游植物后获得能量，并通过食物链的各个环节将能量传递下去，逐级减少，构成能量金字塔。因此，浮游生物在海洋生态系统的能量流动中起着很重要的作用。

研究意义和展望 浮游生物种多、量大，是海洋生物的主要成员，其研究对渔业生产和海洋科学基础理论都有重要意义。它们是经济鱼类的饵料基础，某些种（如桡足类的哲水蚤）的数量分布可提示鱼类（如鲱形鱼类）索饵洄游的路线，有助于寻找渔场，确定渔期。有的种类本身就是

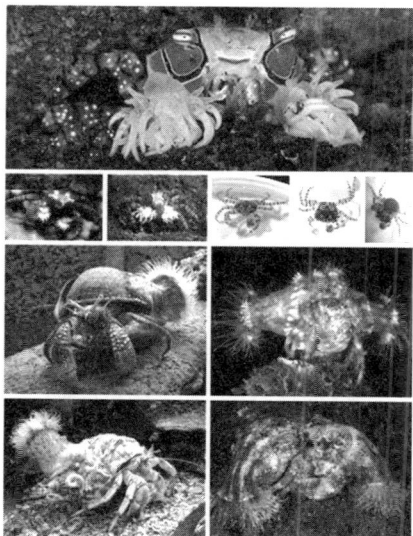

拳击蟹拿海葵防天敌

渔业资源，如海蜇、毛虾和磷虾，以及用桡足类和糠虾等加工制作成的虾酱，均可供食用。许多浮游植物（如骨条藻、褐指藻、扁藻、金藻和螺旋藻等）和浮游动物（如轮虫、桡足类、卤虫等）可以人工大量培养，作为水产动物育苗的饵料。有些浮游生物对环境的污染物具有净化和富集的能力。

一些狭温、狭盐性浮游生物，可作为不同海流的指示种。磷虾类、管水母类等浮游动物在较深水层大量密集，会形成深海散射层，阻碍或干扰声波在水中的传播，使声呐失效。发光浮游生物（如夜光虫等）的大面积密集，可引起海水发光，俗称"海

火"，影响海军作战。浮游硅藻、钙板金藻、放射虫、有孔虫和翼足类等遗骸的沉积物可作为地层划分和海底石油资源勘探的辅助标志，有助于了解海洋地质史和古海洋环境等。

一些浮游植物，特别是甲藻和蓝藻，当海域富营养化时会发生过度繁殖，使局部水域变色，形成赤潮，对鱼、虾、贝类及其他经济海产动物危害很大。

皇帝虾借势大型海洋动物

对浮游生物的研究，以下一些方面有待深入：①浮游植物光合作用的生理生化机制。②浮游生物生态系统的现场观察实验（包括提高生产力方法，浮游生物在氮、磷、碳循环中的作用及能量的流动）。③赤潮浮游生

物分泌毒素的生理机制和生化组成，以及预测和防治赤潮的方法。④浮游生物对污染物质的吸收、富集、解毒和净化的生理生化过程。⑤浮游生物的大量培养（工厂化）。⑥利用浮游生物作为捕捞经济鱼类及勘探海底石油资源的标志。⑦浮游蓝藻的固氮作用。

浮游硅藻

浮游硅藻分布于海水中和湿土上，为鱼类和无脊椎动物的食料。硅藻死亡后，遗留的细胞壁沉积成硅藻土，可作耐火、绝热、填充、磨光等材料，又可供过滤糖汁等用。约11000种，大多水生，几乎在所有的水体里都生长，只有极少数生活在陆地潮湿处。

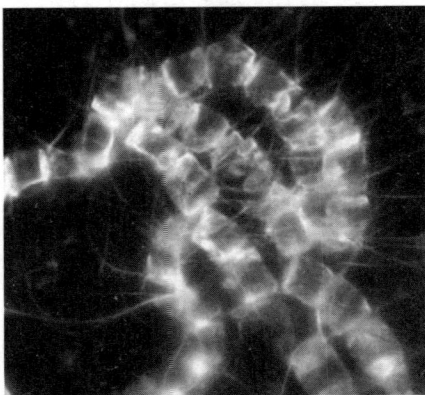

浮游硅藻

浮游硅藻是水生动物的食料，是海洋中的主要的初级生产力。分类学家们一般认为硅藻来源于鞭毛藻，为一个特殊的分支。有现在生存的和化石的种类。根据壳面花纹的排列，将本门分为中心纲和羽纹纲。

主要特征

浮游硅藻植物细胞壁富含硅质，硅质壁上具有排列规则的花纹。壳体由上下半壳套合而成。色素体主要有叶绿素A、C_1、C_2以及β—胡萝卜素，岩藻黄素、硅藻黄素等，同化产物为金藻昆布糖。藻体一般为单细胞，有时集成群体。细胞壁里有两片硅质壳，一大一小，像盒子一样套在一起。两片硅质壳，大的套在外面，叫上壳，较老；小的在里面，叫下壳，较年轻。

形态结构

1. 细胞壁：无色、透明。外层为硅质，内层为果胶质。细胞壁含果胶和二氧化硅，质坚硬，常由套合的两瓣组成，并有呈辐射对称（辐射硅藻目）或左右对称（羽纹硅藻目）排列的花纹。

（1）壳面和带面：细胞壁的构造像一个盒子，套在外面的较大，为上壳；套在里面的较小，为下壳。硅藻上、下壳相互套合。上壳和下壳都不是整块的，皆由壳面和相连带两部分组成。壳面平或略呈凹凸状，壳面边缘略有倾斜的部分，叫壳套；与壳套相连，和壳面垂直的部分，叫相连带，亦称带面。

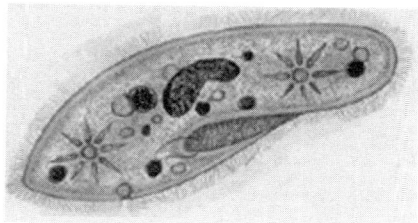

硅　藻

（2）间生带：有些种类在壳套与相连带之间具有间生带，凡贯壳轴较长的种类都有间生带，其数量有1～2条或多条。花纹形状主要有三类：鱼鳞状，如卡氏根管藻；环状，如杆线藻；领状，如环形娄氏藻和中肋角毛藻。

（3）隔片：具间生带的种类，有向细胞腔内伸展成片状的结构，称隔片。如果隔片一端是游离的，称为假隔片，如斑条藻；如果隔片从细胞的一端通到另一端，则称为全隔片或真隔片，如楔藻。间生带和隔片都具增强细胞壁的作用。

（4）突出物：硅藻细胞表面有向外伸展的多种多样的突出物，有突起、刺、毛、胶质线等。它们有增加浮力和相互连接的作用。

突起：是细胞壁向外的头状突出物，如弯角藻。

刺：一般细而不长，末端尖。其

数目、长短不一，最粗大的刺如双尾藻，中等的刺如盒形藻，较小的刺如圆筛藻的缘刺。

毛：为较细长的突出物，长度常为细胞直径的数倍，有的种类在粗毛里还有色素体，这是毛与刺的最大区别。此外还有膜状突起（如太阳漂流藻）和胶质线、胶质块等胶质突起（如海链藻）。

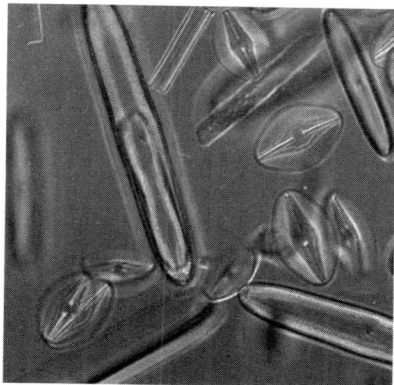

硅壳硅藻

（5）花纹：硅藻细胞壁上都具排列规则的花纹，主要有点纹，为普通显微镜下可分辨的细小孔点，单独或成条（点条纹）；线纹，这是由硅质壁上许多小孔点紧密或稀疏排列而成，在普通显微镜下观察时，无法分辨而是一条直线状；孔纹，为硅质壁上粗的孔腔，中心硅藻纲的孔纹基本为六角形，其结构很复杂；肋纹，为硅质壁上的管状通道，内由隔膜分成小室或壁上因硅质大量沉积而增厚。

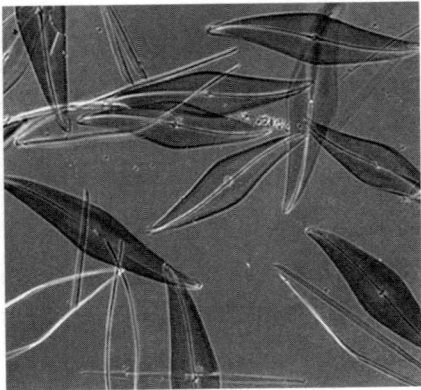

放大 200 倍的一种海洋硅藻

（6）三轴和三面：按硅藻细胞的方位分为纵轴、横轴和贯壳轴。由纵轴和横轴形成上、下壳面。由纵轴、贯壳轴形成长轴带面。由横轴、贯壳轴形成短轴带面。从壳面看，称壳面观；从带面（壳环面）看，称带面观（侧面观）。壳面和带面形状截然不同。通常中心硅藻类壳面呈辐射对称，多为圆形、椭圆形，也有三角形或多角形的；羽纹硅藻类，壳面一般细长，呈两侧对称，有舟形、卵形、弓形、S形、菱形、新月形和椭圆形等。带面（壳环面）一般为长方形、方形或楔形等。

纵轴：为壳面中央的纵线，又称顶轴、长轴。

横轴：为壳面中央的横线，又称切顶轴、短轴。

贯壳轴：是上、下壳面中心点的相连线，又称壳环轴。

2. 色素体：硅藻的光合作用色素主要有叶绿素 A、C_1、C_2 以及 β—胡萝卜素，岩藻黄素、硅藻黄素等。色素体呈黄绿色或黄褐色，形状有粒状、片状、叶状、分枝状或星状等。

3. 同化产物：主要是油滴，在显微镜下观察，油点常呈小球状，光亮透明。

4. 细胞核：硅藻有一个细胞核，常位于细胞中央，在液泡很大的细胞中，常被挤到一侧。用甲基蓝或尼罗蓝稀溶液染色，可见到细胞核。

生殖方式

浮游硅藻常用一分为二的繁殖方法产生。分裂之后，在原来的壳里，各产生一个新的下壳。盒面和盒底分别名为上、下壳面。壳面弯伸部分名壳套。上下壳套向中间伸展部分，称相连带。上下相连带总称为壳环，这个面称壳环面。有些种类，如根管藻，在壳环面细胞壁上还有很多次级相连带，或称间板。细胞质和一般植物细胞相似。生殖方法有营养生殖，形成复大孢子、小孢子和休眠孢子等。

1. 营养生殖

为硅藻最普通的一种生殖方式。分裂初期，细胞的原生质略增大，然后核分裂，色素体等原生质体也一分为二，母细胞的上、下壳分开，新形

硅藻细胞经多次分裂后，个体逐渐缩小

成的两个细胞各自再形成新的下壳，这样形成的两个新细胞中，一个与母细胞大小相等，一个则比母细胞小。这样连续分裂的结果，个体将越来越小。这在自然界和室内培养的硅藻可见到。

2. 复大孢子

硅藻细胞经多次分裂后，个体逐渐缩小，到一个限度，这种小细胞不再分裂，而产生一种孢子，以恢复原来的大小，这种孢子称为复大孢子。复大孢子的形成方式有无性和有性两种。

（1）无性方式　是由营养细胞直接膨大而成，如中心纲的变异直链藻。

（2）有性方式　通过接合作用，借助运动或分泌胶质使个体接近，然后包围于共同胶质膜内，进行接合。

3. 小孢子

多见于中心硅藻的一种生殖方式，细胞核和原生质多次分裂，形成8、16、32、64、128 个不等小孢子，每个小孢子具 1～4 条鞭毛，长成后成群逸出，相互结合为合子，每个合子再萌发成新个体。

4. 休眠孢子

这是沿海种类在多变的环境中的一种适应方式。休眠孢子的产生常在细胞分裂后，原生质收缩到中央，然后产生厚壁，并在上、下壳分泌很多突起和各种棘刺。当环境有利时，休眠孢子以萌芽方式恢复原有形态和大小。

分类概述

根据壳的形状和花纹排列方式，浮游硅藻分成两个纲：中心硅藻纲和羽纹硅藻纲。

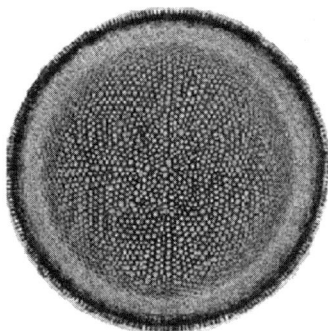

圆筛藻

中心硅藻纲的花纹辐射呈对称排列。细胞呈圆盘形、圆柱形或三角形、多角形等。细胞外面常有突起和刺毛。没有壳缝或假壳缝，不能运动。中心硅藻大多分布于海水中，淡水种类很少。本纲分成三个目。

1. 圆筛藻目

单细胞，或以壳面相连成链状或靠胶质丝连成链状，或埋于胶质内。细胞常为圆形、鼓形、圆柱形或透镜形等。横断面为圆形。壳缘平滑，有的种类壳缘具小刺。常见属有直链藻属、圆筛藻属、小环藻属、海链藻属、指管藻属、冠盖藻属、辐杆藻属、漂流藻属、娄氏藻属（凸盘链藻属）、骨条藻属、细柱藻属和环毛藻属。

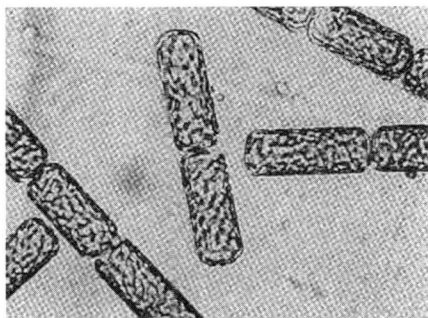

根管藻

2. 根管藻目

细胞壳面大多椭圆形，少数圆形。贯壳轴伸长而呈管状，常有各种形状的间生带。壳面突起呈半球形、锥形和斜锥形等，末端常有小刺。常见属有根管藻属。

3. 盒形藻目

单细胞或形成链状群体。细胞形状像一袋面粉或小盒子状，各角隅常有突起，有的还具小刺。壳面为椭圆形或多角形。大部分在海洋中营浮游生活。有的种类能分泌胶质，营固着生活。淡水种类极少。常见属有角毛藻属、半管藻属、四棘藻属、弯角藻属、盒形藻属、双尾藻属、三角藻属。

生态意义

1. 分布特点

硅藻广泛分布于海水和半咸水中。硅藻是海洋浮游植物的主要组成者，是海洋初级生产力的一个重要指标。

2. 生态特点

鱼池清塘排水后，往往最先生殖的是菱形藻、小环藻等硅藻。这类既能浮游又能底栖（附生）的兼性浮游植物，大量产生可能与浅水、光照好及清塘后水中硅酸盐含量丰富有关。硅藻一年四季都能形成优势种群。有明显的区域种类，受气候、盐度和酸碱度的制约。有的种可作为土壤和水体盐度、腐殖质含量和酸碱度的指示生物。

3. 饵料价值

硅藻死亡后的硅质外壳大量沉积

海底形成的硅藻土，含有 85.2% 的氧化硅。在工业上用途广泛，可作为建筑、磨光等材料，也可作为过滤剂、吸附剂、造纸、橡胶、化妆品和涂料的填充剂以及保温材料等。

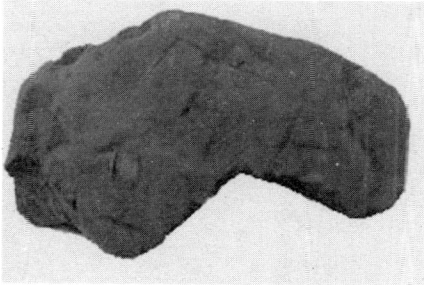

硅藻土

4. 硅藻土

硅藻死亡后的硅质外壳大量沉积海底形成的硅藻土，含有 85.2% 的氧化硅。在工业上用途广泛，可作为建筑、磨光等材料，也可作为过滤剂、吸附剂、造纸、橡胶、化妆品和涂料的填充剂以及保温材料等。化石硅藻对石油勘探有关的地层鉴定及古海洋地理环境的研究也有重要的参考价值。

5. 危害

（1）赤潮：海洋环境如果受到富营养污染或其他原因污染，常使某些硅藻如骨条藻、菱形藻、盒形藻、角毛藻、根管藻和海链藻等生殖过盛，形成赤潮，使水质恶劣，对渔业及其他水产动物带来严重危害。

（2）有些硅藻（如根管藻）生殖太盛并密集在一起，会阻碍或改变鲱鱼的洄游路线，降低渔获量。

浮游甲藻

浮游甲藻是藻类植物的一门。多数为具双鞭毛的单细胞个体，常有纤维素的细胞壁，壁上有花纹，少数种类裸露无壁，呈三角形、球形和针形，前后或左右略扁，前、后端常有突出的角。细胞核大，有核仁和核内体。细胞质中有大液泡，有的有眼点。载色体金褐色，有一个或多个，含叶绿素 A、C 和多量的类胡萝卜素、硅甲黄素、甲藻黄素、新甲藻黄素及环甲藻黄素；少数种类无色，腐生或寄生。贮藏食物为淀粉或油类。繁殖方法为分裂和产生孢子，有性生殖极少见。分布于池塘、湖泊和海洋中。多数甲藻对光照强度和水温范围

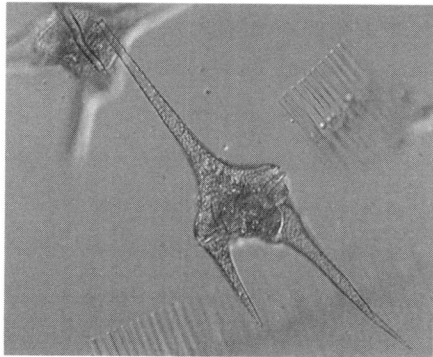

角藻属

要求严格，在适宜的光照和水温条件下，甲藻在短期内大量繁殖，造成海洋赤潮。生活在淡水中的甲藻喜在偏酸性水中生活。水中含腐殖质酸时，常有甲藻存在。有的也在硬度大、碱性水中生活。除少数种类外，为鱼类能消化的食料。利用某些甲藻晚上发光的特性以探索和追踪鱼群的方法，已在海洋渔业生产上受到重视。甲藻是重要的浮游藻类之一，甲藻死后沉在海底形成生油地层中的主要化石。

甲藻的代表属有多甲藻属、角甲藻属和裸甲藻属。

浮游绿藻

浮游绿藻是藻类植物的 1 门。主要特征有：①光合作用色素是叶绿素和 β－胡萝卜素及几种叶黄素；②贮藏食物主要是淀粉；③在生活史中，产生具有顶端着生的，多为 2～4 根等长鞭毛的游泳细胞；④有性生殖很普遍，为同配、异配或卵配。藻体有单细胞、群体、丝状体、叶状体、管状多核体等各种类型。

本门约 8600 种，从两极到赤道，从高山到平地均有分布。绝大多数种类产于淡水，少数产于海水，浮游和固着的均有，寄生的引起植物病害；此外还有气生的种类，有的与绿水螅共生，少数种寄生或与真菌共生形成地衣。

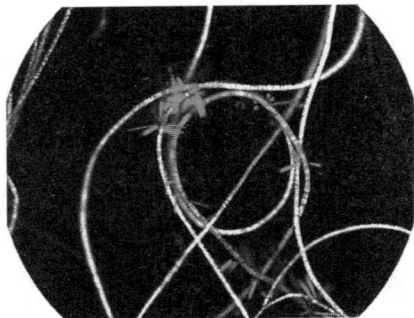
丝状绿藻与附生的硅藻

生活史

浮游绿藻有 3 种类型：①单倍体的藻体型，生活史中只是合子是双倍的，合子在萌发时即进行减数分裂，这一类型的绿藻很多，如衣藻。

②双倍体的藻体型，生活史中只有配子是单倍的，减数分裂只在形成配子时进行，这一类型的例很少，如伞藻。以上两型都没有世代交替。

③双单倍体的或称单双倍体的藻体型，这一类型的绿藻有世代交替，即在生活史中，有性世代与无性世代交替出现——有性世代的植物体即配子体产生单倍的配子，配子结合成为双倍的合子，合子发育成为无性世代的植物体即孢子体产生孢子，减数分裂在产生孢子的过程中进行，孢子又发育成为配子体，如此循环往复。有不少的绿藻属于此一类型，例如石莼。

细胞结构

浮游绿藻有单细胞的，群体的或多细胞的；群体定型或不定型；多细胞个体为球形、分枝和不分枝的丝状、扁平叶片状、杯状和空管状；除极少的例外，绿藻的营养细胞多具有细胞壁，细胞壁的外层是果胶质，内层是纤维质；刚毛藻属、鞘藻属和毛鞘藻属的细胞壁还有几丁质，松藻目细胞壁的最内层由胼胝质构成；通常具有一至多个细胞核，有液泡。

在一些群体的团藻类有明显的胞间连丝。每个营养细胞都具一至数个色素体，色素体的形状多样，有杯状、星状、带状、片状、网状和粒状等；绝大多数种类的营养细胞含有一至多个蛋白核，少数种类没有。游动细胞具有 2、4 条或更多的等长的鞭毛。

繁殖方式

浮游绿藻的繁殖方式有 3 种：①营养繁殖。绝大多数单细胞种类进行细胞分裂形成新个体，丝状的或其他形状的藻体用藻体断裂分离的方式形成新个体。

②无性生殖。藻体常产生动孢子，萌发形成新藻体，这是绿藻门中最常见的生殖方式。此外，还可以形成静孢子或厚壁孢子，许多孢

子都要经过休眠；有些群体的种类所产生的静孢子与其母体十分相似，这是似亲孢子，似亲孢子可以组成新的群体。

长在大型红藻上的附生硅藻与丝状绿藻

③有性生殖。通过配子的结合形成合子，合子萌发形成新个体。配子结合的方式有同配、异配和卵配 3 种。有的还可进行单性生殖。

分类进化

浮游甲藻的分类系统至今还没有取得一致的看法。1976 年，中国藻类学家饶钦止提出本门应分为 2 纲 13 目。

绿球藻

绿藻纲　生活史中具有鞭毛的游动细胞，有性生殖普遍，但没有接合生殖。包括 12 目：团藻目、四孢藻目、绿球藻目、丝藻目、胶毛藻目、石莼目、溪菜目、鞘藻目、刚毛藻目、管枝藻目、绒枝藻目和管藻目。

接合藻纲　生活史中不产生有鞭毛的游动细胞，有性生殖只有接合生殖。此纲只有双星藻目一目。

H. 博尔德和 M. 温在 1985 年提出把绿藻门分为 1 纲 16 目，即绿藻纲：团藻目、四孢藻目、绿球藻目、绿囊藻目、丝藻目、环藻目、胶毛藻目、橘色藻目、鞘藻目、石莼目、刚毛藻目、顶管藻目、双星藻目、松藻目、管枝藻目和绒枝藻目。

目前对绿藻门的进化知之甚少，绿藻的祖先仍不清楚。绿藻门的进化趋势，根据 F. F. 布莱克曼 1900 年的意见，最原始的可能是单细胞种类，由此分出 3 条进化路线：①自群体到多细胞的团藻目；②自四孢藻目到丝状体、扁平叶状以至杯状和管状的各类，高等绿色植物被认为起源于这一分支中的鞘毛藻类；③绿球藻目这一支失去真正的营养性细胞分裂的种类。已知的绿藻化石不少，尤其是绒枝藻类，最早的记录是前寒武纪的。

浮游蓝藻

浮游蓝藻是能进行光合作用放氧的原核生物，是藻类植物的一门，旧称蓝绿藻门，也有人把蓝藻划为生物的一界——蓝菌界。浮游蓝藻是单细胞个体或群体，或为细胞成串排列组成藻丝（细胞列）的丝状体，不分枝、假分枝或真分枝。浮游蓝藻具核质，无核膜；色质区主要由类囊体及其有关结构，藻胆体和糖原颗粒等所组成，具叶绿素 A、藻胆素、胡萝卜素和类胡萝卜素等光合色素，但无叶绿体膜，不形成叶绿体；具细胞壁。蓝藻在地球上已存在约 30 亿年，是最早的光合放氧生物，对地球表面从无氧的大气环境变为有氧环境起了巨大的作用。已知蓝藻约有 2000 种，中国已有记录的约 900 种。

蓝绿藻

形态构造

浮游蓝藻为单细胞个体、群体或细胞成串排列成藻丝的丝状体，不分枝、假分枝或真分枝。细胞外具主要由肽聚糖组成的胞壁，并往往有黏贡胶鞘或胶被包裹。细胞质可分为周引有色素的色质区和中部无色具核质的中心质区。细胞质中常具有大小不等的强反光颗粒。浮游蓝藻往往有伪空胞（又称气泡），为两端呈锥形的微型空筒所组成，有遮光和漂浮的功能。

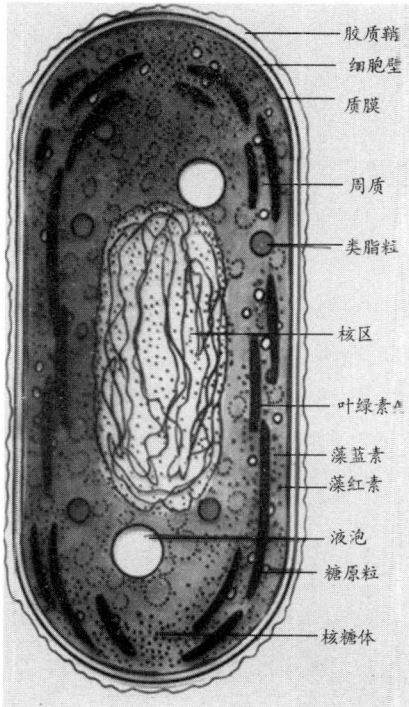

膜质鞘
细胞壁
质膜

周质

类脂粒

核区

叶绿素

藻蓝素
藻红素

液泡

糖原粒

核糖体

蓝藻细胞结构示意图

生物学特性：蓝藻细胞以直接分裂方式增殖。分裂时细胞中部收缩形成隔壁，将细胞一分为二，丝状蓝藻往往断裂成短的细胞列，可以继续分裂形成新的丝状体。蓝藻也行无性生殖，形成内生孢子或外生孢子。有许多丝状蓝藻能形成厚壁孢子，贮存内含物丰富，有较强的抵抗外界不良环境的能力。厚壁孢子的细胞质可分裂产生新的藻丝。

念珠藻目和真枝藻目的许多种类中有异形胞，由营养细胞分化形成。异形胞的呼吸作用较营养细胞强，造成胞内的厌氧环境，它是固氮酶固氮的主要场所。

地理分布

浮游蓝藻分布很广，在淡水和海水中，潮湿和干旱的土壤和岩石上，树干和树叶以及温泉、冰雪，甚至在盐卤池、岩石缝等处都可生存，有些还可穿入钙质岩石或钙质皮壳中（如穿钙藻类）生活，具有极大的适应性。蓝藻在热带、亚热带的中性或微碱性环境中生长特别旺盛。有许多种类是普生性的，如陆生的地木耳，不仅存在于热带、亚热带和温带，在寒带甚至南极洲亦有发现。

浮游蓝藻的抗逆性很强，能耐干旱，有些干燥标本存贮 65～106 年还可保持活力。中国的固氮鱼腥藻干燥

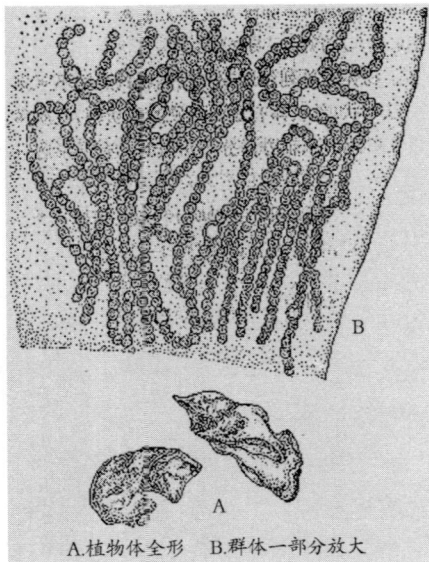

A.植物体全形　B.群体一部分放大

念珠藻属

保存 19 年后再重新培育时还能生长和固氮。有些蓝藻能在 76℃ 温泉中生长繁殖，有的在 54℃ 条件下还能生长固氮（如鞭枝藻）；有的可抗 -35℃ 的低温（如地木耳）；有一些在过饱和盐水中也可生长。因此，蓝藻常是先锋植物。

生理特征

浮游蓝藻藻体是单细胞的个体或群体，丝状体；不具鞭毛，不产游动细胞，一部分丝状种类能伸缩或左右摆动。细胞壁缺乏纤维素，由黏肽（含 8 种氨基酸和二氨基庚二酸以及氨基葡萄糖等）组成，壁外常形成黏性胶质鞘。蓝藻无真正的细胞核，核的组成物质染色质集中在细胞中央，

无核膜和核仁。细胞内除含叶绿素和类胡萝卜素外，尚含有藻蓝素，部分种类还含有藻红素。色素不包在质体内，而是分散在细胞质的边缘部分。藻体因所含色素的种类和多寡不同而呈现不同的颜色。

浮游蓝藻的储藏食物为蓝藻淀粉。繁殖方法主要是分裂生殖，少数为无性生殖。无性生殖包括外孢生殖，内孢生殖和后壁生殖，没有有性生殖。蓝藻主要分布在含有机质较多的淡水中，部分生活在湿土、岩石、树干上和海洋中，有的同真菌共生形成地衣，或生活在植物体内形成内生植物。少数种类能生活在 85℃ 以上的温泉内或终年积雪的极地。本门的项圈藻属、念珠藻属和筒孢藻属等的若干种有固氮作用，能增强土壤肥力；葛仙米、发菜和海霉菜等可供食用；微胞藻属和项圈藻属等在夏季生长过多时会降低水中含氧量，或死后分解产生毒质，从而使鱼类致病或死亡。

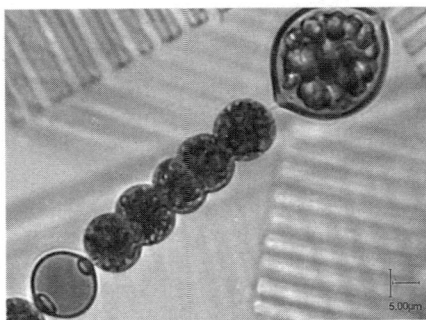

项圈藻

繁殖形式

浮游蓝藻的细胞以直接分裂的形式增殖。分裂时，细胞中部的膜和内胞壁向内增生，将细胞一隔为二。细胞分裂方式大体可分为 3 类：①三向分裂，分裂成单细胞群体，如微囊藻属；或形成立方形群体，如立方形藻。②两向分裂，分裂成平板状群体，如平列藻属；或成假薄膜组织状，如石囊藻属。③单向分裂，分裂成单细胞个体，或成丝状的蓝藻，如念珠藻目的种类。丝状蓝藻往往断裂成短的细胞列（5～15 个细胞），称为段殖体（或称连锁体、藻殖段）。它有较大的滑动能力，可以继续分裂成新的丝状体。某些种类则由于藻丝体中个别细胞溶解和脱水成为分离盘，藻丝在此处断裂而形成段殖体。

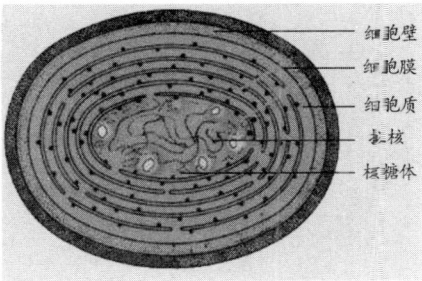

蓝藻细胞模式图

浮游蓝藻除细胞分裂增殖外，也进行无性生殖，形成内生孢子，又称小孢，如皮果藻属；有些形成外生孢子，如管孢藻属；有些丝状蓝藻则形成厚壁孢子，或称孢子，如念珠藻目。厚壁孢子有各种形状和产生的部位，为分类的重要标准之一。它一般比营养细胞大，细胞壁厚，孢子内贮存大量的蓝藻体、多肽和糖原，内含物丰富，有较强的抵抗外界不良环境的能力。

细胞结构

浮游蓝藻细胞壁主要由两层组成，内层为肽聚糖层，外层为脂蛋白层，两层之间为周质空间，含有脂多糖和降解酶，胞壁外往往包有多糖构成的黏质胶鞘或胶被。胞壁内有原生质膜，膜内原生质较稠，可分为两个主要区域，即周围的有光合色素的色质区和中央的无色的中心质区。中心质区有 DNA 微丝，但无碱性蛋白（组蛋白）。核糖体在整个细胞中均有分布，但在中央区周围较为密集。原生质中常具有大小不等的强反光颗粒，如多磷酸体、多面体（羧化酶体）、蓝藻体（天门冬氨酸和精氨酸聚合体的结晶，又称结构颗粒）和多聚糖体（又称蓝藻淀粉或糖原）等。浮游蓝藻往往有伪空胞（又称气胞），为两端呈锥形的具单层蛋白质膜的空管成束排列所组成，有遮强光和漂浮的功能。蓝藻的光合色素是叶绿素 A、藻胆素（藻蓝素、别藻蓝素、藻红素和藻红蓝素）及多种类胡萝卜素。它能采收光能，以水作为电子来源进行光合作用，固定 CO_2，放出氧气。蓝藻和其他植物一样，进行自养生活。

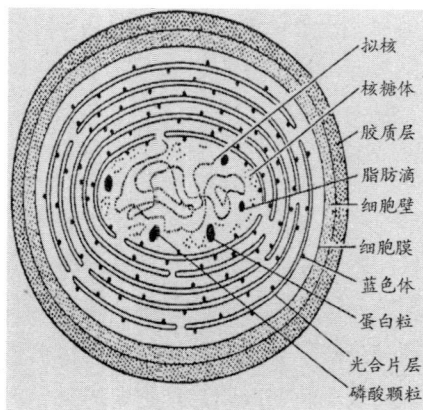

蓝藻细胞结构图

念珠藻目和真枝藻目的许多种类中有异形胞，它比营养细胞稍大，是由个别营养细胞在化合氮不足的条件下分化形成的。异形胞不能进行光合作用固定 CO_2 或放氧，其呼吸作用较营养细胞强，具强的还原条件，是固氮酶固氮的主要场所。

下属分类

1971 年法国斯塔尼尔等基于蓝藻在原核和细胞壁的组成，脂肪酸和 DNA 碱基的组成等特性上与细菌相近似，提出蓝藻应命名为蓝细菌的观点。该观点目前已逐渐为微生物学家和生理生化学家等所采用。但是，蓝藻具有能以水作为电子来源进行光合作用放氧，低的内源呼吸率以及有限的利用有机物作为能源和碳源等的能力和特性属于植物界的主要属性，为原有的"细菌"属性所不包容。

目前，浮游蓝藻基本上按英国藻类学家 F. E. 弗里奇的分类系统，分为色球藻目、宽球藻目、管孢藻目、念珠藻目和真枝藻目等 5 个目。

浮游金藻

浮游金藻是藻类植物的一门。藻体为单细胞或集成群体，浮游或附着。金藻的载色体为金褐色，除含叶绿素外，还含有较多的类胡萝卜素。单细胞游动的种类，无细胞壁；有细胞壁的种类，其细胞壁的组成物质主要为果胶。金藻多具 1 或 2 根顶生的鞭毛（3 根的少见），鞭毛等长或不

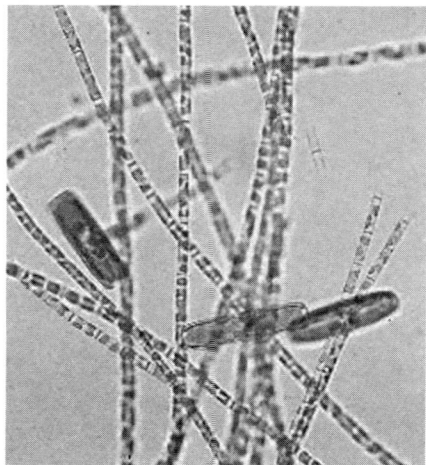

金丝藻

等长。它的贮藏食物为油类和麦白蛋白。繁殖方法有断裂（群体种类）、分裂和产生游动孢子（无鞭毛的种类）；有性生殖少见，属同配接合。金藻主要分布在温度较低的清澈淡水中。

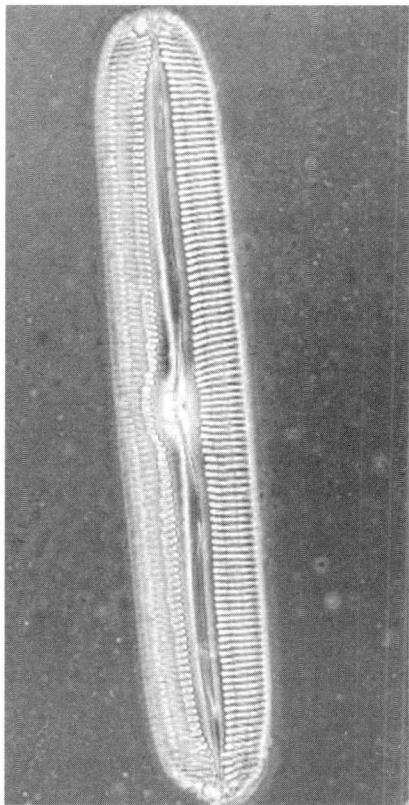

羽纹硅藻目

　　浮游金藻是 A. Pascher（1914）所设的植物分类系统中的一门。它是含有大量β－胡萝卜素和黄嘌呤的天然色素而呈黄绿色或金褐色的藻类。

贮藏物有β－1，3－葡聚糖的金藻多糖（金藻昆布糖）和油脂，不形成淀粉。细胞壁一般为如衣箱似的两层叠合起来构成，有的含有硅酸。可按有无鞭毛以及单细胞或群体等来划分。浮游金藻的无性繁殖有各种方式：细胞分裂（如异变形虫）、游动孢子（如气球藻属）、内生孢子（如棕鞭藻属）、似亲孢子（如绿蛇藻属）、不动孢子（如黄丝藻）和厚壁孢子（如黄丝藻）等，其中可形成内生孢子是这一门植物的特征。有性生殖也有各种方式：有鞭毛（黄丝藻）和无鞭毛（羽纹硅藻）的同形配子的融合，异形配子的融合（气球藻属）和自体受精（在硅藻形成复大孢子）等。本门植物约有300属6,000种，其中3/4是淡水产，其余为海产。从前把黄藻纲划为绿藻纲，把金藻纲归入鞭毛藻类，并认为硅藻纲与褐藻类有关系，但从它们的贮藏物质和颜色的相似性，营养细胞或孢子有两层套合的外壳以及形成特殊的内生孢子等方面来看，应将它们归入金藻门。然而因为光合色素、贮藏物质以及生殖细胞的相似，最近又将它们与褐藻类合并总称为杂色植物门。除根绿藻目外，该门植物的各个目在进化阶段上都可以和绿藻类的各个目相比较。

第二级别 以浮游生物为食的浮游动物

认识浮游动物

浮游动物是漂浮的或游泳能力很弱的小型动物。浮游动物随水流而漂动,与浮游植物一起构成浮游生物。浮游动物几乎是所有海洋动物的主要食物来源。从单细胞的放射虫和有孔虫到鲼、蟹和龙虾的卵或幼虫,都可见于浮游动物中。终生浮游生物(如原生动物和桡足类)以浮游生物的形式度过全部生命,暂时性浮游生物或季节浮游生物(如幼海星、蛤、蠕虫和其他底栖生物)在变成成体而进入栖息场所以前,以浮游生物形式生活和摄食。

浮游动物是一类经常在水中浮游,本身不能制造有机物的异养型无脊椎动物和脊索动物幼体的总称,在水中营浮游性生活。它们或者完全没有游泳能力,或者游泳能力微弱,不能作远距离的移动,也不足以抵拒水的流动力。

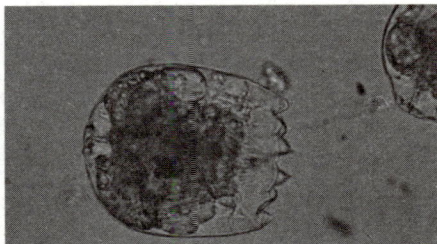

浮游动物

海洋浮游动物的特点

浮游动物的种类极多,从低等的微小原生动物、腔肠动物、栉水母、轮虫、甲壳动物和腹足动物等,到高等的尾索动物,几乎每一类都有永久性的代表,其中以种类繁多、数量极大、分布又广的桡足类最为突出。此外，浮游动物还包括阶段性浮游动物，如底栖动物的浮游幼旦和游泳动物（如鱼类）的幼仔、稚鱼等。浮游动物在水层中的分布也较广。无论是在淡水，还是在海水的浅层和深层，都有典型的代表。

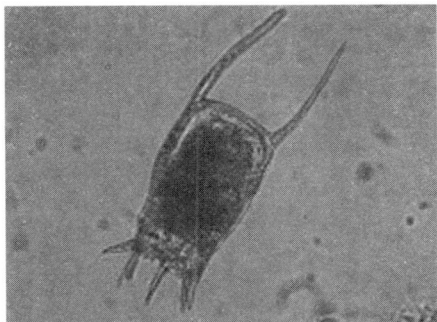

矩形龟甲轮虫

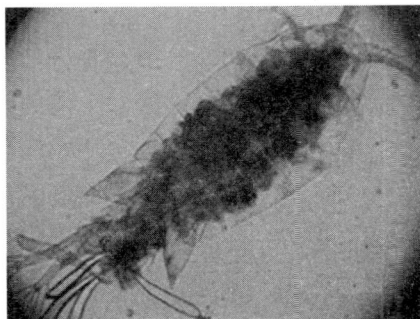

剑水蚤（精英）

浮游动物是经济水产动物，有的种类如毛虾、海蜇可作为人的食物。浮游动物也是中上层水域中鱼类和其他经济动物的重要饵料，许多种浮游动物是鱼、贝类的重要饵料来源，它对渔业的发展具有重要意义。由于很多种浮游动物的分布与气候有关，因此，也可作为暖流和寒流的指示动物。此外，还有不少种类可作为水污染的指示生物。如在富营养化水体中，裸腹溞、剑水蚤和臂尾轮虫等种类一般形成优势种群。有些种类，如梨形四膜虫、大型溞等在毒性毒理试验中还可用来作为实验动物。

海洋浮游动物的种类

海洋浮游动物种类繁多，结构复杂，包括无脊椎动物的大部分门类，如原生动物、腔肠动物（各类水母）、轮虫动物、甲壳动物、腹足类软体动物（翼足类和异足类）、毛颚动物、低等脊索动物（浮游有尾类和海樽类）以及各类动物的浮性卵和浮游幼体等，其中以甲壳动物，尤其是桡足类最为重要。还有一类浮游单细胞生物兼有植物和动物的基本特征（具能动的鞭毛，兼备自养和异养的能力），植物学家把它列为甲藻门鞭毛藻类，动物学家把它归入原生动物鞭毛虫纲。

海洋原生动物

海洋原生动物是指体型微小的单细胞（包括由单细胞聚集成的群体）

海洋浮游动物裸腹溞

海洋动物。原生动物是动物界最原始、最低等的动物。其个体最小的约1微米，最大的为数厘米，一般都十分微小，需借助显微镜才能看见。单细胞个体的原生质中通常具有细胞核和食物泡，有的种类具有纤毛或鞭毛。"原生动物"一词由 Protos（意为原始的）和 zoon（指动物）组合而成，最初由 G. A. 哥尔德富斯于 1817 年提出，1845 年德国 C. T. E. von 西博尔德首先对其下了确切的定义。

海洋原生动物分布广泛，从赤道热带海域到两极寒冷水域都有分布。大多数原生动物属于大洋性浮游生物，集中在食物丰富的海洋表层至水

深 100 米处；也有很多底栖种类。海洋原生动物多数营自由生活，少数为寄生生活，在不利环境下一般会形成孢囊。

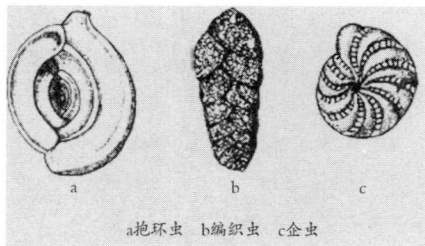

a抱环虫　b编织虫　c企虫

有孔虫的现生种

海洋原生动物的主要类群为有孔虫、放射虫、腰鞭毛虫、丁丁虫和硅质鞭毛虫。

海洋腔肠动物

海洋腔肠动物是真后生动物的开始，是动物进化过程中的主干，而多孔动物只是一个侧枝。海洋腔肠动物约有 10000 种，绝大多数生活在海洋中，淡水中的种类很少。腔肠动物的身体呈辐射对称，这在动物演化上是个进步。但这种对称体形的动物只有上下之别，无前后左右的区分，难以快速定向运动，也不能爬行。腔肠动物营固着生活或漂浮生活。它体型各异，但基本上有两种体型，即适于固着的柱状形体，称水螅型；适于漂浮的伞状形体，称水母型，此二型常是一种动物生活史中的两个不同阶段。

水螅型个体以出芽生殖产生水母型个体，水母型个体以有性生殖产生水螅型个体，此称世代交替。

豆丁海马

腔肠动物身体由外胚层和内胚层两个胚层构成，在二胚层中间有一层非细胞结构的中胶。内胚层围成的腔，食物在其中消化，称胃循环腔，此腔有口无肛门，不能消化的食物或渣，仍由口排出。腔肠动物已分化出简单的组织，但没有特化成器官，外胚层和内胚层形成上皮，细胞间已有分化，神经组织和肌肉组织处在发育的低级阶段。神经组织由分散在外胚层基部的神经细胞构成，细胞具突起，互相形成神经网。内、外胚层的一些细胞的基部分化形成肌原纤维，称皮肌细胞，这就是原始的肌肉组织，与上皮没有分开。也有一些细胞能接受刺激，为感觉细胞。还有的细胞可分泌消化酶或黏液，称腺细胞。腔肠动物摄入的食物先进行细胞外消化，分解成微粒，再由皮肌细胞吞入，进行细胞内消化，将养分吸收。这种细胞外还具有一种结构复杂的刺细胞，此细胞内具一小囊，囊内有细管状的刺丝，此囊称刺丝囊，遇刺激时，刺丝可放出，并能分泌出毒液，麻痹或毒死捕获物，为此，腔肠动物又称刺胞动物。刺细胞为腔肠动物所特有。腔肠动物具无性生殖和有性生殖两种生殖方式。出芽是无性生殖的普通形式，有的还可以纵分裂或横分裂；有性生殖是精卵结合，发育过程中经过一个体被纤毛，可以游泳的浮浪幼虫期，再发育为成体。

有些腔肠动物能分泌坚实的石灰质或角质的骨骼。具有石灰质骨骼的种类死后，其遗留下来的骨骼可形成海洋中的岛屿，我国的西沙群岛和南沙群岛均为腔肠动物的石灰质骨骼构成。

珊　瑚

曾经有多个世纪的时间，人们一直以为珊瑚是一种海洋植物。因为美丽的珊瑚礁看起来的确极像一个奇异动人的花园。它的颜色鲜艳明亮，样子又与灌木丛一般，上面甚至还有黑蛞蝓和蜗牛在寄居。直到 17 世纪中期，法国生物学家佩桑内尔经历了长达 10 年时间的研究，才敢把他的发现——珊瑚其实是一种海洋动物公诸于世。记载他这一发现的书籍，于1752年出版。

珊　瑚

珊瑚大多生于热带及亚热带接近陆地的海洋中，属于无脊椎腔肠动物。珊瑚的枝状体的表面附有连续之肉，肉上多敷水螅体，称为珊瑚虫，内部由石灰质或角质构成骨骼。珊瑚虫为圆筒状，有触手八枚或多枚，触手中央有口，口与内腔中的管状食道相接，珊瑚虫通过这些管道进食、呼吸和排泄废物。珊瑚像水母、海葵一样，通过带有螫细胞的触手捕食，而海洋中的浮游生物及细小的生物，便成了它们的食物。

珊瑚的种类有许多，但所有珊瑚礁的基本构成部分是造礁珊瑚，或称为硬珊瑚水螅。它们的骨骼就像一只细小的杯，包含食道和触手。当水螅死亡，并由新生的水螅替代，遗留下来的骨骼就形成了今日的珊瑚礁。

不过，珊瑚礁也不仅仅是动物新陈代谢的产品。事实上，硬珊瑚的身体有一半以上是由植物质组成的。要不是这样的话，硬珊瑚便不能产生石灰石，甚至不能生存。经研究发现，在每个硬珊瑚的组织内，都栖生着一种极微细的虫黄藻。这些活生生的密集的虫黄藻利用太阳能源进行光合作用，将海水化成氧气和碳水化合物，而珊瑚则以虫黄藻释放出的这些氧气及碳水化合物作为食粮。虫黄藻在此化学作用中，活跃地引导珊瑚制造石灰石。虫黄藻因附着在珊瑚上，不仅获得了一个稳定和受保护的环境，而且消耗了珊瑚所排泄出的二氧化碳和其他废物。因此，珊瑚和虫黄藻，谁缺了谁都不能生存。两者之间的共生关系是所有珊瑚生命的基础。

珊　瑚

珊瑚属腔肠动物门花虫纲，珊瑚是由珊瑚虫组成的一簇簇不定型的群体结构，珊瑚虫各自固定在一个石灰质的"体房"中。珊瑚虫是终生水螅型，只有幼虫可以自由游动，发育成熟后则固定在海底。水螅型分为基部、体部和末端的触手部，基部一般略扩大为圆形；体部大多数为圆柱形；触手部的触手是其捕食器官，上面有刺胞，能刺入微小的动物体内，麻醉或杀死猎物，然后用触手部的口吞入腔肠内。

树枝状的柳珊瑚

造礁珊瑚是典型的热带海洋生物（我国有 200 种），只能生活在水温 18℃以上的海水中。珊瑚虫以无性和有性繁殖方式大量繁殖后代，正是由于珊瑚虫几亿年来衍生不绝，深层的死了，上层的继续生长，钙质越积越多，并与其他造礁动植物一起，经过地壳变迁便形成了全球温热带海洋中那星罗棋布、蔚为壮观的珊瑚礁和珊瑚岛，如我国的南海诸岛及澳大利亚大堡礁就是由造礁珊瑚和其他造礁动植物营造的。

珊瑚在海洋里由于珊瑚虫及虫黄藻具有颜色，其体部和触手部显得五彩缤纷，赤、橙、红、绿、青、蓝、紫，各色都有。然而，人们通常所见到的珊瑚骨骼则是由于珊瑚虫死后，经过淡水冲刷之后而形成的珊瑚骨骼，有形如鹿角的鹿角珊瑚，有形如树枝状的柳珊瑚，有形如蜂巢的蜂巢珊瑚，有形如人脑回旋部表面的脑珊瑚，还有形如蘑菇状的石芝珊瑚。它们洁白如玉，令人爱不释手。

造礁珊瑚所需要的特殊的生活环境和栖息条件大大限制了珊瑚礁在全球的地理分布。海洋虽然广阔而浩瀚，但适合造礁珊瑚生长的水域相对来说却是很有限的。在现代海洋中，珊瑚礁仅分布在北纬 32°与南纬 32°之间的地区。

在过去，人们多见珊瑚只用来烧制石灰，做建筑材料之用；可现在，珊瑚还可作为美丽的工艺品。红珊瑚无论是用作装饰品还是摆设，都可与金、铂、珍珠以及翡翠相媲美，价格极为昂贵，被称为"珠宝珊瑚"。世界上最大的一株红珊瑚是 1980 年在台湾北部宜兰龟山岛附近海底采得的，这株"珊瑚王"呈桃红色，有 5 个主干枝，高 125 厘米，重 75 千克，陈列在台北市林森北路的一家珊瑚公司里，价值 500 万美元，有 2 万年的"树龄"，被列为稀世珍宝。1989 年粉红色珊瑚的商业价值为每千克超过 6000 美元。

脑珊瑚

黑珊瑚也是价值与黄金相当的稀世之宝。经切割、打磨和抛光等工艺程序制成的黑珊瑚项链、手链和耳环等乌黑蹭亮，价值昂贵。

另外，有学者从软珊瑚和柳珊瑚的有机组织中提取出活性物，可成为抗癌、抗肿瘤和治心血管病等的新药。

海蜇

海蜇的营养十分丰富，不但含有丰富的蛋白质、脂肪和维生素，还含有丰富的矿物质，无论在生化结构方面，还是在人体吸收方面，它都有独到之处。沿海渔民常用它来治病，盛夏时期渔民极易感染肠炎，适当吃点鲜海蜇就会治愈。把海蜇切成细条条，放在糖水里浸泡除去盐渍，再加点芝麻、香菜调味，夏天吃上一碗，干渴烦闷顿时就会消失。

关于海蜇，古籍上有不少记载，较为详细的是李时珍的《本草纲目》一书：海蜇"大者如床，小者如斗，无眼目腹胃，以虾为目，虾动蛇沉"。表面上看，它形如伞状，色略呈浅红，体盘下有一柄，下端开口，边缘生着许多触手，随波逐流，宛如俏丽女郎，肩披金发，身着纱裙，婆娑多姿。

航海冠军：别看海蜇有矩形体盘，它却最适于驱驾风或海流。微风时，它只要浮在海面，任凭风吹波涌，便可随心所欲地在大海上遨游。当它要横渡重洋时，只需将体盘朝一侧倾斜，半潜在水区，汹涌奔腾的海流就会带着它到达理想的地方。海蜇的游速尽管不是很快，但在长途跋涉的远程赛中，它可能稳得金牌！大海里的生物成千上万，但像海蜇这样会祛风驾流，毫不费力地驰骋南北的，实属一奇。

"听力"超群：海蜇没长耳朵，"听力"却出众超群。每当航船经过海蜇稠密区时，周围是一片淡红色的海蜇，在海水的映衬下，人们仿佛置身于荷塘之中，美不胜收。正当赏心

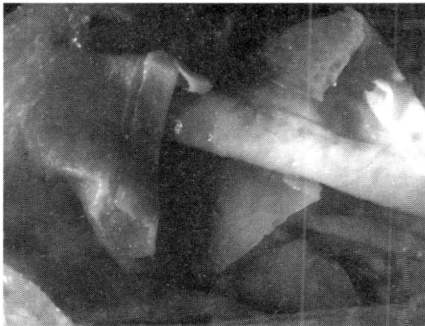

海蜇

悦目之际，忽然水面上的"荷花"刷地一下子消失了，等船舶远去，海蜇又窜头窜脑地露出水面。海蜇是怎样"听"到声音的呢？人们终于发现，在海蜇头部的皱折里隐藏着许多淡红色的小虾。这些奇特的小虾，大小跟红蜘蛛差不多，别看它小，行动却异常敏捷。这些小家伙生来就跟海蜇在一起，海蜇变成了它的宿主。它们的这种共生关系配合得非常默契。每当海蜇到达一个理想的海区，首先让这些小虾饱餐一顿，尔后自己才开始进餐。小虾们也从不忘记主人的优待，十分警惕地给予海蜇当好"卫兵"，

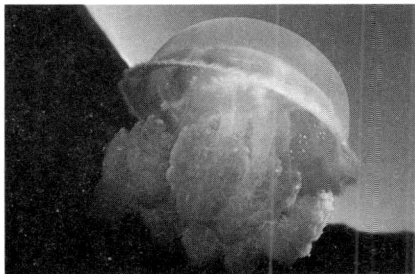

海蜇

一旦发现情况异常，它们便迅速地钻进海蜇头部的皱折——这相当于是给海蜇通风报信，顿时，海蜇迅速下潜水中。

奇异的传说：海蜇，古称海蛇、古镜、海僧帽。现代科学分类为腔肠动物中的一种大型水母。关于海僧水母，还有一段有趣的传说：法海禅师因为干涉白娘娘和许仙的婚事，闹了个水漫金山，害了千万生灵。玉皇大帝非常生气，要捉拿法海禅师。法海和尚东躲西藏，无处藏身。后来，他找到一个安全的地方——蟹壳。仓皇中，法海和尚不慎将僧帽跑丢了——这就是漂浮在水中的海蜇。也就在那一天，东海龙王的小女爱上了凡人鱼郎，她趁月黑人静时偷偷地逃出了龙宫。龙王得知爱女弃宫出走，慌忙派出了虾兵蟹将去追寻。虾兵蟹将越追越近，龙女忽然发现海面上有一个漂浮的东西，急中生智躲了进去。龙王一怒之下施了个法术，喊道："定"，从此，龙女再也没有从帽子底下钻出来。

至今，人们揭开海蜇伞一样的体盘，还能看到一尊面容白皙娇嫩，金丝银发的"少女"。据传，龙女遭到父王陷害后，身陷囹圄，愈觉父王残忍，于是她千方百计地搜集海中毒素，希冀有一天同父王决一胜负。这

也是人们在捉捕海蜇时，稍有不慎便会被蜇得一片红肿的原因。

水母

水母是一种非常漂亮的水生动物。它虽然没有脊椎，但身体却非常庞大，主要靠水的浮力支撑其巨大的身体。

水母身体外形像一把透明伞，伞状体直径有大有小，大水母的伞状体直径可达 2 米。从伞状体边缘长出一些须状条带，这种条带叫触手，触手有的可长达 20 米～30 米，相当于一条大鲸的长度。浮动在水中的水母向四周伸出长长的触手。有些水母的伞状体还带有各色花纹，在蓝色的海洋里，这些游动着的色彩各异的水母显得十分美丽。

水母的出现比恐龙还早，可追溯到 6.5 亿年前。目前世界上已发现的水母约 200 种，我国常见的约有 8 种，即海月水母、白色霞水母、海蜇和口冠海蜇等。

水母的触手上布满刺细胞，像粘在触手上的一颗颗小豆。这种刺细胞能射出有毒的丝，当遇到"敌人"或猎物时，就会射出毒丝，把"敌人"吓跑或将其毒死。水母触手中间的细柄上有一个小球，里面有一粒小小的"听石"，这是水母的"耳朵"。科学家们曾经模拟水母的声波发送器官做

实验，结果发现能在海洋风暴到来15 小时之前测知它的讯息。

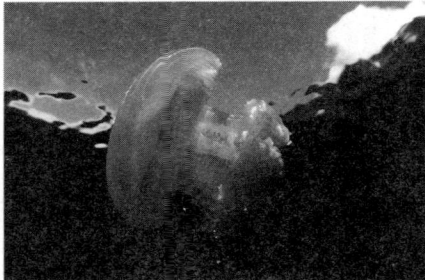
水　母

别看水母在水里非常美丽、自在，可是没有水它就无法生存。水母身体含水量达 98%，它进食、消化和排泄都必须在水中才能完成。没有水，水母的身体就会变小和变得很难看。

水母比眼镜蛇更危险。几年前，美国《世界野生生物》杂志综合各国学者的意见，列举了全球最毒的 10 种动物，名列榜首的是生活在海洋中的箱水母。箱水母又叫海黄蜂，属腔肠动物，主要生活在澳大利亚东北沿海水域。成年的箱水母有足球那么大，蘑菇状，近乎透明。一个成年的箱水母的触须上有几十亿个毒囊和毒针，足够用来杀死 20 个人，毒性之大可见一斑。它的毒液主要损害的是心脏，当箱水母的毒液侵入人的心脏时，会破坏肌体细胞跳动节奏的一致性，从而使心脏不能正常供血，导致人迅速死亡。

水母比眼镜蛇更危险

最大的水母是分布在大西洋西北部海域的北极大水母。1870 年，一只北极大水母被冲进美国马萨诸塞海湾，它的伞状体直径为 2.28 米，触手长达 36.5 米。而最小的水母全长只有 12 毫米。

栉水母在海中游动，会发出蓝色的光，发光时栉水母就变成了一个光彩夺目的彩球；当它游动的时候，光带随波摇曳，非常优美。目前新加坡的生物学家正在进行一项实验，尝试把水母身上的发光基因移植到其他鱼类的体内。

威猛而致命的水母也有天敌。一种海龟就可以在水母的群体中自由穿梭，并且能轻而易举地用嘴扯断它们的触手，使它们只能上下翻滚，最后失去抵抗能力，成为海龟的一顿美餐。

海葵

海洋之大，无奇不可。海葵可算是一种神奇而令人心驰神往的海洋生物，那优雅的名字不免让人想起阳光下的向日葵。其实，它们外貌更像一朵初绽的玫瑰，它的上端有一圈向四周散开的触手，就像玫瑰花的花瓣，难怪人们称它为"海底玫瑰"。当人伸手去触摸它们时，它们就会迅速地吐一股清水，收回"花瓣"，缩成一团。你要想摘下这些"花朵"并不容易。这五颜六色的"花朵"，那一片片的"花瓣"又像舒展的菊花，故又称"海底菊"。

从外表上看，海葵确实艳丽动人

从外表上看，海葵确实艳丽动人，但实际上它却不像它的"相貌"

那样可爱。它有一张硕大的嘴，"胃口"又特别好，能将虾和小鱼一口吞下。海葵的身体像海蜇一样柔软，它的每只触手尖端都有一个毒囊，毒囊里盘有一条条带尖的线。一旦遇到猎物，其中一根线就会向前将皮刺破，于是毒液就流了出来，这样，"对手"很快就被治服了。由于这个原因，其他海洋生物都对它敬而远之。尽管如此，海葵却有一个十分要好的"朋友"，这就是寄居蟹。

海葵又称"海底玫瑰"

海　葵

寄居蟹和海葵是相互共存的"挚友"。当海葵放出"花瓣"——触手捕捉小动物时，既保护了寄居蟹，又把食物供给它。寄居蟹可以携带海葵旅行海底。这样，两个"朋友"就不愿分离，甚至寄居蟹迁居时，也要把它的"朋友"搬到另一个螺壳上去。

海葵实际上和水母、海蜇以及珊瑚虫是"本家"，同属腔肠动物。上面提及海葵和寄居蟹相依为命，不仅如此，海葵和海洋里一种花纹斑斓的小丑鱼也交上了"朋友"。海葵对这种小丑鱼是不伤害的。这种小丑鱼常招引其他虾和小鱼来此活动，海葵就抓住它们，与这种小丑鱼共进美餐。此外，还有一种寄生虾也和海葵有来往。寄生虾为海葵"梳理"它的触手，让其保持清洁。寄生虾换来的报酬，就是"梳理"下来的废物作为食物。因此，这种身体透明、像玻璃一样的寄生虾，得到了"葵虾"的称呼。莫看这些海葵行动笨拙，它们竟然能爬到巨蟹的螯上"安家"，让蟹带它到海洋世界去旅游，老实点的就在蟹背上"落户"。所以有时渔民捕到海蟹时，也能捉到海葵。

海葵，小的1毫米，大的1米多。一般来说，生活在热带海域的海葵，色彩艳丽个体大，而在寒冷的海洋里，色彩则显得单调，且个体较小。

纽 虫

在世界上，敢与抹香鲸决胜负的大王乌贼身长近 17 米，在南大西洋马尔维纳斯群岛着陆过的蓝鲸长达 33 米，北方海域漂浮的若巨伞的霞水母长达 36 米，但这些动物都算不上是世界上最长的动物。

纽 虫

1864 年，一次猛烈的风暴后，在苏格兰沿岸，人们采到一条海洋纽虫，又称蠕虫，测量它的体长，竟超过了 180 英尺（约 55 米）！经鉴定，这是一条巨大的纽虫。把它称为超级纽虫，实不过誉。据统计，世界上大约有 500 多种纽虫。

不过，超级纽虫虽然在体长方面称得上世界之最，但其在动物界里却处于较低等的位置，在海洋生物中，它也不是名门望族。

纽虫的身体不分节，背腹扁平，两侧对称。在结构上，不论是长达数米或长仅 1 毫米的纽虫，都长着一个特别的吻。吻位于背部的一个特殊的腔中，几乎超过体长的二分之一。当纽虫捕食时，乘被捕者不备，其吻部可突然伸出，迅速缠住猎获物并将它卷入口中。有的纽虫吻端还长有针刺，以增强其捕食能力。

在动物演化的历程中，纽虫不像扁虫那样口兼肛门，而是有了完整的消化系统，有了专为排粪的器官——肛门。它的循环系统也初具规模。作为一种较低等的动物，纽虫能够生存至今，也许是因为它具有以上器官。纽虫的生命力很强，即使在寒冷的冬天也能够僵而不死。它有特厚的肌肉层，而且体表能分泌酸性很强的黏液，在它的肠道和体壁之间充满着许多组织细胞，可以贮存食物。因此，纽虫的耐饿力很强。

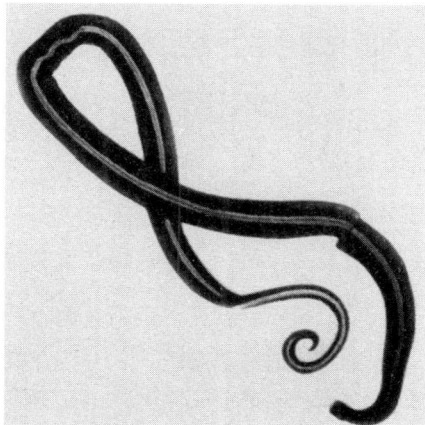

青纵沟纽虫

纽虫有特别的再生能力，它以断裂的方式进行无性生殖。虫体可以分为许多部分，每一部分都是以后新个体的起源。人们做过这样的实验，把一个 10 厘米长的纽虫体切成 100 个小段，过一段时间后，每个小段都形成了一个完整的个体。当然，不同种类的纽虫的再生能力是不完全相同的，有的纽虫只要有部分纵神经干就能再生，有的却要有体后端才能再生。

纽虫大多数色彩鲜艳，红、蓝、黄、绿、白等各种颜色混合一体，有时呈交叉的横带状，有时具特殊的警戒色。你如果在潮间带翻开石块，也许就会看到几条扭缠在一起的纽虫。但是，要想把纽虫带回实验室固定并保存好，却仍然是个难题，即使用特殊的麻醉剂使之松弛，也很难获得理想的标本。纽虫身体收缩能力极强，如果人们将捕蟹网置于海中，纽虫闻到里面食物的味道就会顺着比身体细得多的网眼挤进去，吃掉食物后再挤出来，而身体毫无损害。

浮游动物与海洋生态系统

海洋生态系统的最基本特征是能量通过食物链不断地单向流动，物质在食物链与无机环境之间不断地反复循环。

海洋生物群落各个种之间的食物关系十分复杂，可连结成链状或网状（食物链或食物网）。过去人们只注意海洋的牧食食物链，但 20 世纪 60 年代后发现，在河口、内湾、红树林和浅海水域，碎屑食物链也很重要。碎屑主要包括海洋植物的碎屑、动物没有消化的残渣和陆地注入的碎屑等。已知有不少海洋动物以碎屑为食物，在河口及浅海水域，估计总的初级生产量大约有 50% 是通过碎屑食物链的。

浩瀚海洋有复杂的生态系统

食物链的长短不一，长的可有5～6个环节，杂食性动物还可同时占据不同的营养级。

海洋的牧食食物链

海洋动物对食物的选择不如陆地动物严格，能摄食多种食物。在海洋中尚未发现在陆地上见到的那种单食性种类。例如，中国闽南—台湾浅滩渔场的二长棘鲷是底栖鱼，其食料生物种类广泛，包括长尾类（细螯虾、褐虾）、底栖端足类（钩虾亚目）、瓣鳃类（短齿蛤、鸟蛤、帘蛤）、介形类（尖尾海萤）和多毛类（沙蚕、似蛏虫），还摄食樱虾类（日本毛虾）、糠虾类、辐蛇尾、海胆类、星虫类、腹足类、掘足类、短尾类、海葵类和鱼类。海洋动物的捕食与被捕食关系相当复杂。大多数动物的幼体和成体的食性往往不同，可以处于不同的营养级。鲱鱼的幼体为箭虫所摄食，而箭虫却是成体鲱鱼的一种重要饵料。

植食动物多是滤食性种类，以浮游植物或有机颗粒为食。植食动物主要包括桡足类等小型甲壳动物、被囊动物、毛颚动物和水母等浮游动物，还有贻贝、牡蛎和扇贝等底栖动物以及植食性鱼类等。浮游动物与浮游植物杂居在同一水层，在水中能作垂直移动，其种群组成和数量也有明显的季节变化。

海洋动物的生产力，指一定时间内一群动物所增加的身体物质总重量。但对浮游动物生产力的测定有相当困难，常只能间接估算。

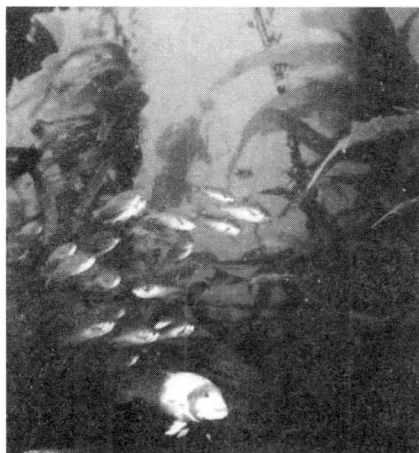

海洋鱼群

南极磷虾有很高的群聚性和生产量。曾观察到有一群磷虾连绵几平方公里，在水中厚达 1800 米，总计约有 1000 万吨。据估计，南极海洋的磷虾现存量约达 20 亿吨。

次级生产力与个体大小、发育阶段、饵料质量和数量、摄食率、同化效率以及温度等有直接关系。有的动物滤食率很高，比如一个海鳟类个体，每分钟可滤食 100 毫升，它对饵料没有选择性。海洋植食性动物的同化效率比陆地动物高，可达 80%～90%。

除摄食外，有些无脊椎动物以及海洋动物幼虫，还能直接从水环境中吸收溶解的有机物质（氨基酸、脂肪酸、多醣及其水解产物）。无脊椎动物幼虫从溶解有机物质直接吸收的碳可能占其代谢需要量的 21%～57%。曾有报道，海岛哲水蚤对无机和有机颗粒有识别能力，能从混合物中选择摄食有机物。

第三级别 摄食浮游生物的海洋动物

认识海洋动物

海洋动物是海洋中异养型生物的总称。它门类繁多，各门类的形态结构和生理特点有很大差异。海洋动物以摄食植物、微生物和其他动物及其碎屑有机龟质为生。估计有 16～20

万种，微小的有单细胞原生动物，大的有长可超过 30 米、重可超过 190 吨的蓝鲸。全球海洋的水体及其上空，从海上至海底，从岸边或潮间带至最深的海沟底，都有海洋动物存在。

海洋动物的形态结构和特点

海洋动物是海洋中各门类形态结构和生理特点十分不同的异养型生物的总称。它们不进行光合作用，不能将无机物合成有机物，只能以摄食植物、微生物和其他动物及其有机碎屑物质为生。海洋动物现知有 16～20

海 豚

万种，它们形态多样，包括微观的单细胞原生动物和高等哺乳动物——蓝鲸等。海洋动物分布广泛，从赤道到两极海域，从海面到海底深处，从海岸到超深渊的海沟底都有其代表。海洋动物可分为海洋无脊椎动物、海洋原索动物和海洋脊椎动物3类。海洋的生活条件相对一致，面积广大，动物中除鱼类、鲸类，还有浮游动物和游泳动物，如头足类和水母等。在深海层，仅发现不依赖浮游生物生存的动物。在许多大洋区，海流将营养丰富的深层海水带到浅层，使海洋浅层带增加了鱼类产量。在海底生活的底栖动物，包括固着动物，如海绵、腔肠动物和管沙蚕等，以及运动动物，如甲壳类、贻贝、环节动物和棘皮动物等。珊瑚动物在热带海洋发展最充分。珊瑚礁是由大量建礁动物和植物的白垩质骨骼物质（特别是珊瑚和苔藓虫）沉积而成的。在珊瑚礁环境中，动物最密集且最多样化。

海洋动物的种类划分

按生活方式划分

海洋动物主要有海洋浮游动物、海洋游泳动物和海洋底栖动物三个生态类型。

按分类系统划分

海洋动物共有几十个门类，可分为海洋无脊椎动物和海洋脊椎动物两大类，或分为海洋无脊椎动物、海洋原索动物和海洋脊椎动物三大类。

海洋鱼类

龙　虾

海洋无脊椎动物

海洋无脊椎动物是背侧没有脊柱的动物，其种类数占动物总种类数的95％。无脊椎动物是动物的原始形式，是动物界中除原生动物界和脊柱动物亚门以外全部门类的通称。BBC主持人大卫·阿登堡爵士（Sir David Attenborough）所言："如果一夜之间所有的脊椎动物从地球上消失了，世界仍会安然无恙，但如果消失的是无脊椎动物，整个陆地生态系统就会崩溃。"

一切无脊柱的动物占现存动物的90％以上。它分布于世界各地，在体形上，小至原生动物，大至庞然巨物的鱿鱼。无脊椎动物一般身体柔软，无坚硬的能附着肌肉的内骨骼，但常有坚硬的外骨骼（如大部分软体动物、甲壳动物及昆虫），用以附着肌肉及保护身体。除了没有脊椎这一点外，无脊椎动物内部并没有多少共同之处。无脊椎动物这个分类学名词以前用于与脊椎动物（该词至今仍为一个亚门的名称）相对，但在现代分类法上已经不用。

分类情况

1. 分类依据

（1）无脊椎动物的神经系统呈索状，位于消化管的腹面；而脊椎动物为管状，位于消化管的背面。

（2）无脊椎动物的心脏位于消化管的背面；脊椎动物的位于消化管的腹面。

（3）无脊椎动物无骨骼或仅有外骨骼，无真正的内骨骼和脊椎骨；脊椎动物有内骨骼和脊椎骨。

青　蟹

1822年J.—B. de拉马克将动物界分为脊椎动物和无脊椎动物两大类。1877年德国学者E. 海克尔将柱头虫、海鞘和文昌鱼等动物与脊椎动物合称脊索动物门，与无脊椎动物的各门并列，使脊椎动物在分类系统中降为脊索动物门中的一个亚门，与半索动物亚门（柱头虫）、尾索动物亚门（海鞘）和头索动物亚门（文昌鱼）并列。20世纪70年代以来半索动物已独立成门，由于后3个类群属于无脊椎动物范畴，这样，无脊椎动物实际上包括了除脊椎动物亚门以外所有的动物门类，是动物学中的一个一般名称，而不是正式的分类阶元。

（2）种类划分

无脊椎动物的种类非常庞杂，现存约 100 余万种（脊椎动物约 5 万种），已绝灭的种则更多。它包括的门数因动物学的发展而不断增加。由于对动物的各个方面研究得愈加详尽，人们对其彼此间亲缘关系的认识也愈加深入，因而各门的分类地位常有改动。

无脊椎动物中的门

一般把动物界分为 10 门。

包括：原生动物门、多孔动物门、腔肠动物门、扁形动物门、线形动物门、环节动物门、软体动物门、节肢动物门和棘皮动物门。

大王乌贼

脊索动物门有：尾索、头索、脊索和脊椎动物 4 个亚门。除脊椎动物亚门外，其他的便都是无脊椎动物。

1. 形态特征

无脊椎动物多数体小，但软体动物门头足纲大王乌贼属的动物体长可达 18 米，腕长 11 米，体重约 2 吨。无脊椎动物多数水生，大部分海产，如有孔虫、放射虫、钵水母、珊瑚虫、乌贼及棘皮动物等，部分种类生活于淡水，如水螅、一些螺类、蚌类及淡水虾蟹等。蜗牛、鼠妇等则生活于潮湿的陆地。而蜘蛛、多足类和昆虫则绝大多数是陆生动物。无脊椎动物大多自由生活。在水生的种类中，体小的营浮游生活；身体具外壳的或在水底爬行（如虾、蟹），或埋栖于水底泥沙中（如沙蚕蛤类），或固着在水中外物上（如藤壶、牡蛎等）。无脊椎动物也有不少寄生的种类，它们寄生于其他动物和植物体表或体内（如寄生原虫、吸虫、绦虫和棘头虫等）。有些种类如蛔蛔虫和猪蛔虫等会给人类带来危害。

花　虾

2. 运动系统

运动系统包括身体支撑和前进两部分。

（1）骨骼

无脊椎动物没有脊椎动物那一根背侧起支撑作用的脊柱和狭义的骨骼。广义的骨骼包括外骨骼（保护作用，不使水分蒸发），内骨骼和水骨骼三种。而无脊椎动物拥有的正是这三种骨骼。

外骨骼指的是甲壳等坚硬组织，如蜗牛的壳，螃蟹的外壳和昆虫的角质层都属于外骨骼。

海　螺

内骨骼存在于脊椎动物，半脊椎动物，棘皮动物和多孔动物中，在内起支撑作用。多孔动物的内骨骼并不是中胚层起源的。棘皮动物的内骨骼是由 $CaCO_3$ 和蛋白质组成的，这些化学物晶体按同一方向排列。

水骨骼是动物体内受微压的液体

（无体腔动物的扁形动物也不例外）和与之拮抗的肌肉，加上表皮及其附属的角质层的总称。水骨骼是无脊椎动物的主要骨骼形式。除了上述的软体动物，棘皮动物和节肢动物外的其他无脊椎动物都拥有水骨骼。

（2）运动

无脊椎动物的运动方式有多种：

①借助纤毛的摆动前进。

②没有刚毛，没有环形肌的线形动物通过两侧纵肌的交替收缩实现的蛇行。

③有刚毛有环形肌有纵肌的蚯蚓的蠕动。这是通过不同节段纵，环肌肉交替收缩实现的。

④在海底沉积物中，通过膨胀身体某节段实现固定，身体的另外部分收细前钻。

⑤有爪动物的爬行。

⑥昆虫的飞行（只是少数）。

3. 排泄系统

并不是所有的无脊椎动物都有排泄器官的。例如扁形动物，它们靠的是位于下表皮向内伸出的表皮突起的排泄细胞完成排泄的。而无脊椎动物常见的排泄器官则是原肾管和后肾管。

4. 神经系统

无脊椎动物的神经系统没有脊椎动物的那么复杂多样。从最原始的神经细胞，到神经细胞集合成为神经节，到后来大脑的形成，其形式由弥散的神经网到有序的神经链，到中枢和梯状神经系统的出现，也经历了一个由简单到复杂的过程。

感觉器官由刺胞动物的感觉棍（有视觉和重力觉），经过扁形动物头部神经细胞群集形成的"眼"，到昆虫的复眼和头足动物，例如乌贼的眼（是由外胚层形成的），分辨率不断上升。这更有利于动物逃避敌害和捕食。

龙　　虾

5. 消化系统

刺胞动物是桶形的，口和肛门是同一个开口。其消化系统被称为胃管系统，它和扁形动物分支的肠一样，行使消化和运输功能，因为刺胞动物没有循环系统。

海　星

内寄生的线形动物已经退化，它们靠头节吸取宿主小肠内的营养。

而大部分的真后生动物都有贯穿身体全长的消化管道以及与之配合的消化腺和循环系统，行细胞外消化。消化管道通常由口、咽、食道（有如蚯蚓者，它还有膨大的嗉囊）、（肌肉）胃、肠和肛门构成。而双壳纲动物甚至用鳃过滤食物。

6. 循环系统

无脊椎动物不一定有循环系统，例如上述的刺胞动物、扁形动物、缓步动物和线形动物。而有循环系统的动物，又有如软体动物的开放式循环系统（头足动物的循环系统有向闭合式发展的趋向）和环节动物的闭合循环系统。在昆虫和蜘蛛等动物身体里有的是血淋巴。

循环系统的任务是运输。它将呼吸系统里的氧气和消化系统的营养物质运输到身体的其他地方，而将代谢废物运输到排泄器官。

7. 呼吸系统

无脊椎动物和其他生物一样，需要氧化能源物质以获得能量，这个过程需要呼吸系统提供氧气。无脊椎动物最常见的呼吸器官是鳃。但昆虫的呼吸器官却是气管，它们开口于体表的可关闭的气门，往体内不断细分，不经过循环系统直接将氧气运输到细胞的线粒体旁边，是非常有效的一套呼吸系统。

8. 生殖情况

无脊椎动物的繁殖形式多样。首先分为有性跟无性两种。有些动物，如刺胞动物和寄生虫线形动物，有世代交替现象。如果动物是雌雄同体，还会出现自体交配现象。

无性生殖常见的形式是出芽生殖，见于刺胞动物的无性世代。

有性生殖的特点是，生殖通过生殖细胞的结合完成。生殖过程可以是由一者单独完成，但更常见是两个个体通过各自提供不同的交配类型的生殖细胞去共同完成。前者见于猪肉绦虫，它后部性成熟的体节会受精于后一节体节。蚯蚓也会偶尔出现自身交配现象。

世代交替，以钵水母为例，水母会通过精卵融合的有性生殖方式生育出水螅。水螅然后经过无性生殖，即旁支出芽分裂，经过叠生体和蝶状幼体阶段再次成为水母。

9. 发展历史

地球上无脊椎动物的出现至少早于脊椎动物1亿年。大多数无脊椎动物化石见于古生代寒武纪，当时已有节肢动物的三叶虫及腕足动物。随后发展出古头足类及古棘皮动物的种类。到古生代末期，古老类型的生物大规模绝灭。中生代还存在软体动物的古老类型（如菊石），到末期即逐渐绝灭，软体动物现代属、种大量出现。到新生代演化成现代类型众多的无脊椎动物，而在古生代盛极一时的腕足动物至今只残存少数代表（如海豆芽）。

因为无脊椎动物体内没有调温系统，随外界温度的变化，其代谢速度也发生变化。直到高等的软骨鱼类，如鲨鱼出现调温机制，为温血动物。真正意义上的恒温动物应该从鸟类开始。

海　参

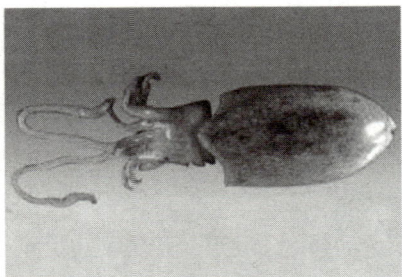

乌　贼

海洋原索动物

　　原索动物是原索动物亚门（如海鞘、樽海鞘）和头索动物亚门（如文昌鱼）动物的统称。原索动物与脊索动物的另一个亚门（脊椎动物亚门）相似，有一中空的背神经索、鳃裂以及脊索（一条质硬的支持身体纵轴的棒状结构，脊柱的前身）。原索动物与脊椎动物的主要区别是没有脊柱骨。现生的原索动物与脊椎动物由同一祖先演化而来。关于脊椎动物如何演化，普遍接受的理论主要有两种。一种理论推测其祖先衍演生活，可以

像羽鳃类，但幼体不特化，适于在大洋中浮游而达到性成熟，由此演化出的类型丧失随后的固着阶段，脊椎动物即由这一自由游泳的动物演化而来。另一种相近的理论出现较晚，是假设脊索动物由一小类化石种类无脊椎属演化而来。

　　脊索动物是动物界最高等的一门。其成体或幼体背侧有一脊索，故名。分口索动物、尾索动物、头索动物和脊椎动物等 4 亚门。其中前三个亚门合称"原索动物"。

　　原索动物是脊索动物门原始的一群。其幼体或成体保留着脊索。脊索具有弹性，能弯曲，不分节，是构成骨骼的最原始中轴。原索动物种类少，全部海生，分为口索动物、尾索动物和头索动物 3 亚门。

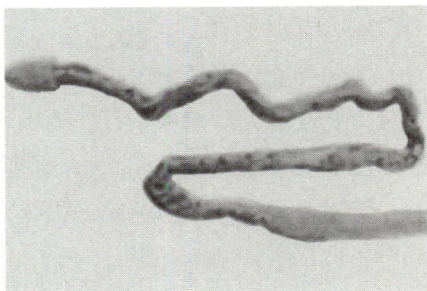

柱头虫

　　口索动物也称"半索动物"，是脊索动物门的一亚门。口索动物体呈蠕虫状，左右对称，仅接近口部有脊索的形迹。其身体前端吻部有起源于

体腔的水腔。例如柱头虫和玉钩虫。

柱头虫殖翼柱头虫科。柱头虫身体，呈长柱形，分吻、领和躯干三部分，长达40厘米。全身黄色，极柔软，容易切断。柱头虫定居海滩泥沙中，穴外堆土，常有碘臭，产于我国青岛一带。

玉钩虫也称"黄岛长吻柱头虫"属于玉钩虫科。玉钩虫与柱头虫相似，但体较短，吻较长。它产于我国青岛一带海中，是国家二级保护动物。

尾索动物也称"被囊动物"，是脊索动物门的一亚门。尾索动物有少数自由生活的，终生具有脊索的尾部，如海樽、纽鳃樽等；也有固着生活的，仅幼体具有脊索的尾部，成体尾部退化消失，如海鞘等。

海樽属海樽科。海樽体小呈桶状，被囊透明，可通过被囊看到内部构造。海樽的生殖形式有有性生殖或出芽生殖。它多为单体，在海面言漂浮生活。

海鞘的排泄孔在口的附近。海鞘呈单体或由无性出芽而成群体。海鞘有性生殖的幼体形似蝌蚪，游泳时期极短，固着外物后尾部退化，遂式固着生活的成体。海产。

头索动物也称"无头动物"，是脊索动物门的一亚门。头索动物体呈鱼形，头部分化不明显，终生具有脊索。其咽部的壁贯穿许多鳃裂，由围鳃腔孔与外界相通。它种类少，代表动物是文昌鱼。

文昌鱼

文昌鱼别称"蛞蝓鱼"，是文昌鱼科。文昌鱼形似小鱼侧扁，两端尖。它头端有眼点，下为前庭及口，前庭外缘有须多条。文昌鱼有背鳍、尾鳍和臀鳍，身体腹面有一对皮褶。它栖息海底，通常钻在泥沙里，仅露出头端。以浮游生物为食。分布于我国厦门、青岛和烟台沿海，以厦门为最多。文昌鱼是无脊椎动物进化至脊椎动物的过渡类型，在学术上有重要意义。它可供生物学教学和研究用，也供食用。

海洋脊椎动物

海洋脊椎动物包括有海洋鱼类、爬行类、鸟类和哺乳类。其中，海洋鱼类有圆口纲、软骨鱼纲和硬骨鱼纲。海洋爬行动物有棱皮龟科，如棱皮龟；海龟科，如蠵龟和玳瑁；海蛇科，如青环海蛇和青灰海蛇等。海洋鸟类的种类不多，仅占世界鸟类种数的 0.02%，如信天翁、鹱、海燕、鲣鸟、军舰鸟和海雀等都是人们熟知的典型海洋鸟类。分布于中国的海洋鸟类约有 20 多种，它们一部分为留鸟，大部分为候鸟。中国常见的海洋鸟类有：鹱形目的白额鹱和黑叉尾海燕等，鹈形目的褐鲣鸟和红脚鲣鸟，雨燕目的金丝燕和短嘴金丝燕等。海洋哺乳动物包括鲸目、鳍脚目和海牛目等。

海洋脊椎动物中的门

脊椎动物是指有脊椎骨的动物，是脊索动物的一个亚门。这一类动物一般体形左右对称，全身分为头、躯干、尾三个部分，躯干又被横膈膜分成胸部和腹部，有比较完善的感觉器官、运动器官和高度分化的神经系统。脊椎动物包括鱼类、两栖动物、爬行动物、鸟类和哺乳动物等 5 大类。

狭纹虎鲨

脊椎动物数量最多，结构最复杂，进化地位最高，由软体动物进化而来。它们形态结构彼此悬殊，生活方式千差万别。脊椎动物除具脊索动物的共同特征外，其他特征还有：①出现明显的头部，中枢神经系统成管状，前端扩大为脑，其后方分化出脊髓。②大多数种类的脊索只见于发育早期（圆口纲、软骨鱼纲和硬骨鱼纲例外），以后即为由单个的脊椎骨连接而成的脊柱所代替。③原生水生动物用鳃呼吸，次生水生动物和陆栖动物只在胚胎期出现鳃裂，成体则用肺呼吸。④除圆口纲外，都具备上、下颌。⑤循环系统较完善，出现能收缩的心脏，促进血液循环，有利于提高生理机能。⑥用构造复杂的肾脏代替简单的肾管，提高排泄机能，由新陈代谢产生的大量废物能更有效地排出体外。⑦除圆口纲外，水生动物具偶鳍，陆生动物具成对的附肢。脊椎动物亚门包括：圆口纲、软骨鱼纲、硬骨鱼纲、两栖纲、爬行纲、鸟纲和哺乳纲。各纲的特征虽然有显著差别，但组成躯体的器官系统及其功能基本一致。

1. 盾皮类

盾皮类是戴盔披甲的鱼类，它们是甲胄，和化石无颌类不同，是由覆盖头部的头甲和包裹躯干的躯甲两个单元组成，东生滑鳞鱼就是很好的例子。盾皮类是一支古老的有颌脊椎动物，和其他鱼类及高等脊椎动物一样，最前面的鳃弓发展成摄取食物的颌，颌上装备了牙齿。颌的出现是脊椎动物进化中的一次重大革命，无颌类只能被动地过滤水中的细小有机体，而有颌类可用颌主动摄取食物。盾皮类是一个种类纷繁的家族，泥盆纪为其全盛时期，但随着泥盆纪的结束而趋于消亡。云南鱼、武定鱼和斀溪鱼，是部分不同种类的盾皮类。

2. 鱼类

鱼类中获得最大成功的要属硬骨鱼和软骨鱼类，二者在泥盆纪时虽在种类和数量上还远不能与无颌类的盾皮类匹比，在随后的时间里它们日益繁盛，现生的鱼类都属于这两类。

硬骨鱼类的一支，称为肉鳍类，包括终鳍类的肺鱼。因为终鳍类的鳍具有发达的肉质柄，柄内的骨骼和高等脊椎动物的四肢骨相似，所以科学家们相信它们中的一支是四足脊椎动物的祖先，在泥盆纪晚期发展出两栖类，因此早期终鳍鱼类特别受到古生物学家的青睐。发现于中国云南早泥盆世的著名的杨氏先驱鱼乃是当前所知最早的终鳍类代表。肉鳍类在中晚

泥盆世甚是繁盛，以后逐渐衰落，现在残存的仅有南美洲肺鱼、澳洲肺鱼和极为罕见的终鳍类拉蒂曼鱼。

另一支硬骨鱼类在古生代时身体都覆盖厚重的菱形鳞片，因为鳞片表面敷以发亮的名为硬质的物质，所以它们被称为硬鳞鱼类。像吐鲁番鳕、长兴鱼、重庆鱼和中华弓鳍鱼都是这类的代表。至中生代后期，硬鳞鱼类日趋衰落，现在还生存的硬鳞鱼极为稀少，生活在中国长江的中华鲟堪称硬鳞鱼类中的活化石，被列为国家一级保护动物。

在生存竞争、优胜劣汰的自然规律下，到中生代后期硬鳞鱼逐渐被它们的后裔真骨鱼取代。真骨鱼类的鳞片由于硬质退化只保留骨质基屑，因此薄而富有韧性，既不失去鳞片保护作用，又摆脱了硬鳞的沉重负担，增加了灵活性。所以从中生代后期至今，真骨鱼类在进化中不断完善自己，长盛不衰，由海洋到江湖河流无处不在，成为世界上最宠大的脊椎动物。狼鳍鱼和昆都伦鱼都是原始的真骨鱼类代表。

软骨鱼类除了覆盖身体的细小盾鳞，所有骨骼都是由软骨组成，从不骨化。现海洋中的各种鲨鱼和银鲛就是这类鱼的代表。软骨鱼类从泥盆纪出现至今，在数量上一直没有大起大

落，只有少数种类在古生代后期至中生代早期曾入侵到淡水中，大多数软骨鱼类局限于海洋。软骨鱼类之所以能够一直延续下来，是得益于它们内受精和富含蛋黄的卵，这是繁衍后代的有力保证。因为软骨鱼类骨骼为软骨性，在化石中不易保存，所以常见的化石是牙齿和鳞片。中华旋齿鲨化石，乃是其齿座的一部分，这类牙齿在西藏珠峰也有发现。

软骨鱼种类示意图

1　犬吻鳍鲛
2　太平洋鼠鲨
3　鲉鲛
4　大青鲨
5　象鲛
6　狐鲛
7　鲸鲛

海洋脊椎动物起源

脊椎动物起源可能分五步。

高阶元生物类别的起源历来是进化生命科学的核心命题。包括人类在内的脊椎动物谱系总根底起源涉及脊椎动物两大类群间的演化关系，因而不仅是学术界长期探索的一个焦点问题，也是大众普遍关注的一个科学热点。现代动物学从各个不同层次进行探索，近年来取得了较为广泛认同的脊椎动物起源分"四步走"的假说。

该假说认为，在动物演化大树的两大基本分支谱系中，位于后口动物谱系顶端的脊椎动物与原口动物谱系没有直接联系。脊椎动物根植于后口动物脊椎系的演化轮廓是：从现在最低等的后口动物棘皮动物和半索动物为始点，先后经由仅在尾部具有脊索的尾索动物和脊索纵贯全身的头索动物，最后通过脊椎和头部构造的出现，诞生出该谱系的终端产物脊椎动物。然而学术界的共识是，这一基于现代动物学信息间接推测出来的假说到底是否可靠，还必须得到真实历史资料的检验、修正和补充。

要在古生物学上进行有效的脊椎动物起源研究，应该以现代动物学信息为重要线索，在尽可能靠近脊椎动物起源的"源头"时段探寻时做好两件工作——首先是力求发现最古老、

最原始的脊椎动物；接着便是以这些脊椎动物始祖为起点，向前逐步追溯它们在无脊椎后口动物中的完善的祖先序列。我国保存了五亿三千万年前的众多精美后口动物软躯体构造化石的澄江化石库，恰好靠近这样的"源头"，为中国学者揭开这一谜团提供了一个难得的机遇。

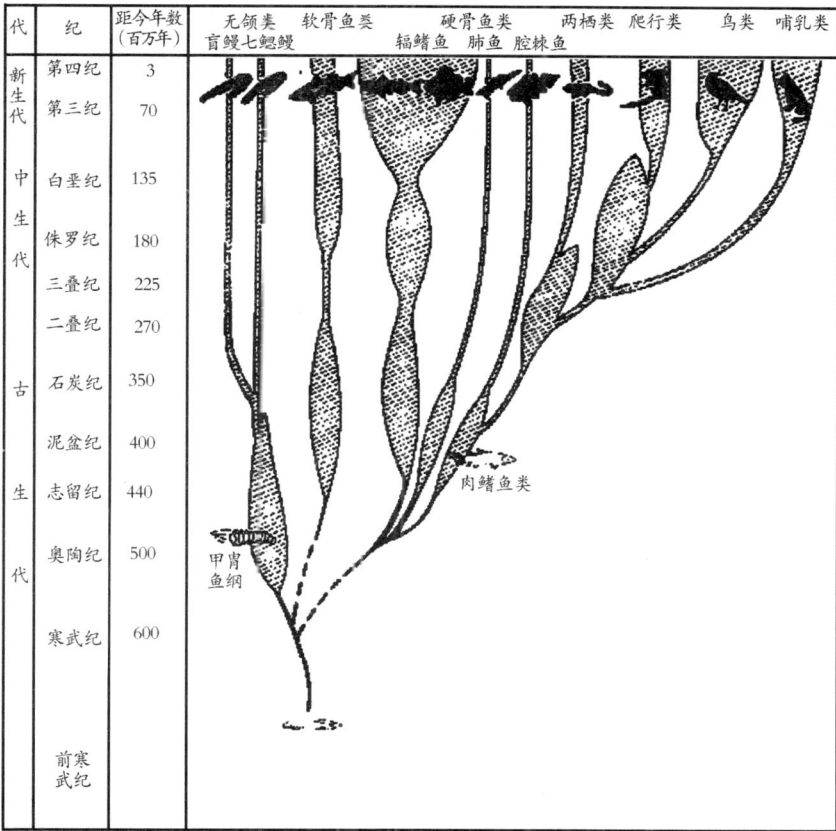

代	纪	距今年数（百万年）	无颌类 盲鳗七鳃鳗	软骨鱼类	硬骨鱼类 辐鳍鱼 肺鱼 腔棘鱼	两栖类	爬行类	鸟类	哺乳类
新生代	第四纪	3							
	第三纪	70							
中生代	白垩纪	135							
	侏罗纪	180							
	三叠纪	225							
	二叠纪	270							
古生代	石炭纪	350							
	泥盆纪	400							
	志留纪	440							
	奥陶纪	500							
	寒武纪	600							
	前寒武纪								

肉鳍鱼类

甲胄鱼纲

脊椎动物在地质史上的关系图

1999年昆明鱼和海口鱼的发现被英国《自然》杂志评论为"逮住第一鱼",为难题的破解投进了一缕曙光。2003年初,舒德干等人再度在《自然》杂志著文,他们通过对数百枚海口鱼标本的深入研究,揭示出它们一方面已经开始演化出原始脊椎骨和眼睛等重要头部感官,另一方面却仍保留着无头类的原始性器官,从而证实了它们不仅是已知最古老的脊椎动物,而且还属于地球上一类最原始的脊椎动物。早期后口动物的系列性发现,不仅与现代动物学关于脊椎动物起源分"四步走"假说相一致,更重要的是添加了比这"四步走"更为原始的"第一步",从而首次提出了脊椎动物起源至少分"五步走"的新假说。这些始见于澄江化石库地层最底部的"第一步"动物群古虫类和云南虫类,是一些创生出咽腔型鳃系统的原始分节后口动物,极可能代表着学术界期盼已久的原口动物和后口动物分节的共同祖先与由于躯体特化而丧失分节性的后口动物(包括棘皮动物和半索动物)之间的过渡类型。十分有趣的是,尽管它们由于咽鳃的出现而引发了动物体在取食、呼吸等新陈代谢方式的重大革新而成为真正的后口动物,但其躯体却仍保留着其祖先的分节性特征。舒德干解释说:

"实际上,既出现创新特征又继承祖先某些原始性状的镶嵌演化是生物界一种十分常见的现象。"

海口虫

在这分"五步走"的演化系列中,"第一步"的动物类群十分奇特。对1400多枚海口虫标本进行比较解剖学研究表明,它们不仅缺少脊索构造,而且在皮肤、肌肉、呼吸、循环和神经等器官系统上与脊索动物存在着根本区别;其中最为独特的是其由6对外鳃组成的呼吸系统,这与较为高等的后口动物的内鳃迥然有别。海口虫与同处"第一步"的古虫动物门在躯体构型上却相当一致——两者皆明显分节,而且躯体也都呈独特的"双重二分型",即身体沿纵轴分为前体和后体两大部分,而前体又被一个能自由扩张的"中带"构造分为背、腹两个单元。所不同的是,海口虫兼具背神经索和腹神经索,这显示出它比古虫动物门稍略进步些,从而更靠近"第二步"中的半索动物。

舒德干指出,尽管我们提出了脊

椎动物起源分"五步走"的新假说，但这仍只给出了一个演化轮廓，在其相邻演化步骤之间仍缺乏中间环节的证据。

海洋脊椎动物大家族——鱼纲

板鳃亚纲：鳃裂5对，鳃间隔宽大，板状，如各种鲨、鳐。

全头亚纲：头大而侧扁，鳃裂4对，上颌骨与脑颅愈合，故称全头类，如我国产的黑线银鲛。

硬骨鱼纲中的狼鳍鱼

硬骨鱼系：骨骼一般为硬骨，体被骨鳞，少数种类为硬鳞或无鳞。口位于头部前端，有骨质鳃盖，肠内常无螺旋瓣，多数有鳔。一般体外受精，卵生。海淡水均产。常分3个亚纲：

肺鱼亚纲具有内鼻孔，除用鳃呼吸外，还能以鳔代替肺呼吸。现存的种类全世界仅3属，如分布在南美洲、非洲和澳洲的肺鱼。

总鳍亚纲的偶鳍为带鳞的肉叶，内部骨骼的排列与陆生脊椎动物肢骨的排列极为近似，是动物界"活化石"之一，如矛尾鱼。

辐鳍亚纲占现代鱼类的90%以上，它的骨骼系统几乎全由硬骨组成，鳍条呈辐射状，无内鼻孔，体被圆鳞或栉鳞。现将我国重要经济鱼类及名贵珍稀鱼类所属的目，简介如下：

鲱形目：头骨骨化不完全，尚保留软骨，背鳍无硬棘，鳍条柔软分节，所以也称软鳍类；因所有的椎骨构造都相同，故又称等椎类。鲱形目鳔管发达，体被圆鳞，如鲥鱼、鲱鱼、鲚、大银鱼和大马哈鱼等，均为名贵鱼类。

鳗鲡目：体呈棍棒形，体前部圆而后部侧扁，一般无腹鳍，背、臀和尾三鳍完全相连。鳞小或无，如鳗鲡。鳗鲡为降河洄游性鱼类，在淡水中生长，入海产卵，是一种食用价值较高的经济鱼类，在我国和日本成为养殖对象。

石斑鱼

鲈形目：为鱼纲中最大的一个目，绝大多数生活在海水中，通常有两个背鳍，多数被栉鳞，无鳔管。我国海产食用鱼类多属本目，如大黄（花）鱼、小黄（花）鱼、带鱼，连同软体动物中的乌贼合称"四大海产"。其他还有鲈鱼、鳜鱼（淡水产）、鲐鱼、银鲳以及引入的尼罗罗非鱼等。

此外，常见的经济鱼类还有：鳢形目的乌鳢、合鳃目的黄鳝、鲽形目的牙鲆和鲀形目的虫纹东方鲀等。

海洋动物与海洋生态系统

海洋动物以植食性动物或其他肉食性动物为饵料。因此，不同肉食性动物在食物链上可以处于不同的营养级。例如，北方河口的动物，依其营养关系可分为植食性动物、杂食性动物、低级肉食性动物、中级肉食性动物和高级肉食性动物5类。据调查（1981），闽南—台湾浅滩渔场66种经济鱼类中，低级肉食性动物主要摄食植食性动物和杂食性动物，其种类和数量最多，共有42种，如金色小沙丁鱼、鲐鱼、二长棘鲷、银黄姑鱼、青石斑鱼和日本竹荚鱼等。中级肉食性动物主要摄食低级肉食性动物

以及植食性和杂食性动物，其种类和数量比较少，共有16种，如大黄鱼、中国团扇鳐等。高级肉食性动物主要摄食低级和中级肉食性动物以及杂食性动物，其种类和数量最少，只有8种，如带鱼、日本马鲛、路氏双髻鲨和沙拉真鲨等。

海洋生态系统景观

有些肉食性动物的摄食量很高。比如生活于南极海洋的蓝鲸，每餐可摄食1吨的磷虾。海洋动物的食性广泛，不仅在生长的不同时期采食种类不同，而且随着季节的不同，其食物的组成也有差异。

通常渔获量与浮游生物的生物量呈正相关。在沿岸，每年7～9月有上升流，在此期间，水域的浮游植物

和浮游动物的生物量呈现峰值，而沙丁鱼也出现最大捕获量。

海洋生态系统景观

主动捕食者每日食量要高于消极等食的种类。比如，鲐鱼是主动捕食者，每天所获得的食物可达其体重10％～25％；有些底栖鱼类主动性较差，每天摄食量仅为1％～3％。

海洋动物排出的粪便（粪粒、粪球）含有未消化的有机残渣，沉入每底后，成为某些底栖动物的饵料。

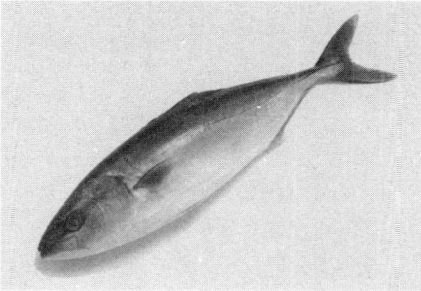

鲐　鱼

沿着海洋食物链营养级位而上，生物个体也逐渐增大。捕食者与捕获物的比例按重量比是 100：1，按长度比是 4.6：1。鲸是个特例，它是现今地球上最大的动物（体重可达百吨），但却以个体仅几厘米的磷虾为饵料。

食物链的长短不一，在以微型浮游植物为初级生产者的大洋水域中，食物链长些，可达 5～6 个环节。

大陆架水域的食物链，主要以小型和微型浮游植物为初级生产者，食物链一般短于大洋水域的。以大型浮游植物为主要初级生产者的上升水域的食物链大多很短。

分解者

分解者主要是异养的微生物，它们借分解海洋动植物的死体和其他有机物质获得能量，同时把有机物逐渐降解还原为无机物。海洋中的碳循环和氮循环、磷循环等与陆地生物一样都离不开微生物的作用。同样的，海洋微生物对于净化有机物污染，如石油、有机农药等污染起积极的作用。水域的净化离不开微生物。

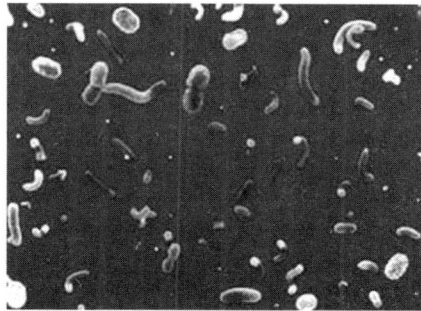

海洋细菌

越来越多的事实表明，海洋细菌不仅起着还原者的作用，而且还是许多种海洋动物的直接饵料。海洋细菌，无论是在水中和海底沉积物里，其生物量都相当可观。据对大西洋一些浅水站位的调查，细菌的生物量约占总的微小生物量的9.4％；而在大陆坡水中，细菌所占的比例增至52.5％。在某一个大洋站位，细菌的生物量在水中所占的比例高达94％。已查明，某些海洋浮游动物的食物来源中，细菌所占的比例可达30％～50％。

能量

海洋生物的能量转换效率（生态效率）要比陆地生物的高，这是因为陆地植物所含的蛋白质比海洋浮游植物的低得多。由浮游植物到植食性动物，生态效率约20％左右；由浮游动物到浮游动物捕食者，约15％；由低级肉食者到高级肉食者，约10％。

生物的进化，从单细胞到高等动物以至人类，都是沿着改善获能效率和增加获取能量的途径进行的。在生物进化的过程中，生产者和消费者各自的进化水平是相匹配的。化石的分析结果证明，甲藻的出现时期与鱼类的最盛时期相吻合，而硅藻的出现时间大体与鲸类的出现时间相同。J. H. 赖瑟（1969）指出以硅藻为基础的食物链要短些，而以鞭毛藻为基础的食物链要长得多。鲸处于以硅藻为基础的食物链上，因此能更好地取得能量，弥补其个体大因而能量消耗也大的不足。

海洋生物

深海生物群落

深海由于压力大、食物少、没有光线和温度低，因此在生物的种类组成、分布格式、个体结构和代谢等方面均有其特点。

深海生物能忍高压。虽然有些浅海生物也能忍受较高的压力，比如附着在潜水器表面的生物，如绿管浒苔、石莼、总合草苔虫、紫贻贝和布纹藤壶等，在潜水器下降到2000～3000米水深后仍然能存活。但根据生理学试验，600个大气压对大多数浅海生物有致死作用。因此，从垂直分布来看，6000米深度似乎是个重要的分界线。曾有报告指出，中太平洋的深海沟中的125种动物，有77种是在6000米以上水层所没有见到的。

深海生物群（一）

与浅海生物比较，深海生物一般个体数量少，但种类数相对较多、多样性高。学者对此有不同的解释。H. L. 桑德斯认为，多样性高是由于食物等竞争造成的，但有的学者却认为捕食是关键。较多的调查结果表明，深海生物的多样性仅仅发现在2000～3000米水深处，而5000～6000米以下的海底，生物的多样性并不高。

海洋生物群（二）

为适应食物少和黑暗的环境，许多深海鱼类的口部相对扩大，骨骼肌肉减少，且有发达的发光器官和结构。

深海生物一般代谢作用和生长都很慢。据估计，深海的贝类，长到8毫米大约需100年的时间。曾有一只潜水器掉进深海中，经10个月后人们将其从1540米处打捞出来，发现放在桌上的三明治仍然完整无损，这表明细菌的作用非常缓慢。但也有例外。

海洋生物群（三）

1977年，美国伍兹霍尔海洋研究所曾用深海潜水器"阿尔文"号在加拉帕戈斯群岛以东300公里，水深2500米处进行调查，调查区域是海洋板块形成区。学者们发现从地下喷出泉水，泉水口附近水温高达20℃（没有热泉处的海水是2℃）。在喷出孔附近有丰富的生物群落。其中有个体30～40厘米的贝类，这种贝一年可长4厘米（约比其他深海底的贝类生长速度高500倍），将壳打开，可见到内有血红蛋白（一般软体动物是血蓝蛋白）。还有一种具长栖管的须腕动物，管的直径为10厘米，长可达30米。此外，还有许多腔肠动物、环节动物和甲壳动物。

深海底栖生物的食源可能包括由上层水中下沉的碎屑和溶解的有机物质，以及化能合成细菌通过氧化硫化氢取得能量而制造的有机物。目前认为，后者是最主要的来源。因为从地下喷出的热水含有大量的硫化氢（30～40克/立方米），硫磺细菌利用氧化硫化氢所获得的能量将水中的CO_2合成碳水化合物。海底硫黄细菌实际上起着与浅海水域光合植物相同的作用，即硫黄细菌是深海海底的生产者。这说明，生产者的能源不仅可来自太阳，而且还可来自地球的内部。这是一个重大的发现。根据这一论点，须腕动物的营养问题可得到解释——这种动物没有口，也没有消化道，但在体内有大型的腔，称为营养体。细菌在腔内大量繁殖，动物的触手可吸收无机物供细菌之需，而细菌则合成有机物供动物之用。动物和细菌营互利共生关系。

第四级别　海洋食肉性鱼类

认识海洋食肉性鱼类

海洋食肉性鱼类是指大多数以鳃呼吸，用鳍运动，体表被有鳞片，体内一般具有鳔和变温的海洋脊椎动物。现生鱼类共2万余种，其中海洋鱼类约有1.2万种，为鱼类中最繁盛的类群。

西勒瑞鱼

海洋食肉性鱼类从两极到赤道海域，从海岸到大洋，从表层到万米左右的深渊都有分布。生活环境的多样性，促成了海洋食肉性鱼类的多样性。但由于其生活方式相同，产生一系列共同的特点：海洋食肉性鱼类都具有呼吸水中溶解氧的鳃，鳍状的便于水中运动的肢体以及能分泌黏液以减少水中运动阻力的皮肤。此外，在体型结构、繁殖生长、摄食营养和运动等方面都有共同特点。

海洋食肉性鱼类体型结构

海洋食肉性鱼类体型一般可分为：

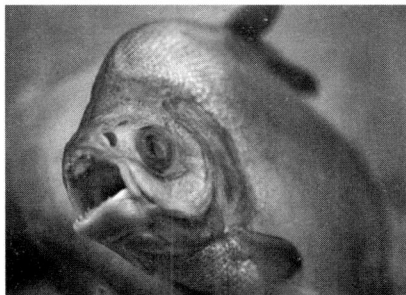

水虎鱼

①鱼雷型，这类体型的鱼栖息于中层水域中。最善于游泳，如鲐、鲻梭、金枪鱼等。

②箭型。与鱼雷型相似，但身体更为延长，奇鳍后移，栖息于表层水中，善于游泳，如狗鱼、颌针鱼等。

③侧扁型。这种体型的鱼，背腹轴高度增加，左右两侧极扁，又可分为斑鰶鱼型、翻车鱼型和鲆鲽鱼型，分别栖息于近底层和底层。

④蛇型。这种体型的鱼身体细长，横断面几为圆形，一般栖息于海底植物丛中，如鳗鲡、海龙等。

⑤带型。这种体型的鱼身体高度延长为侧扁型，不善于游泳，如带鱼、皇带鱼等。

⑥球型。这种体型的鱼身体几呈球形，尾鳍一般不发达，如箱鲀、某些圆鳍鱼等。

⑦纵扁型。这种体型的鱼背腹轴高度缩小，体型扁平，如各种鳐、鲼鲼等。

海洋鱼类主要的运动和平衡器官分为两类：成对的偶鳍，包括胸鳍、腹鳍；不成对的奇鳍，包括背鳍、臀鳍和尾鳍。尾鳍着生于尾部末端，有转向和推动等作用。尾鳍可分为3种类型：原形尾，上下叶大小相等，如鲐、金枪鱼；歪形尾，上叶比下叶发达，有助于向上活动，如鲨鱼；正形尾，下叶比上叶发达，有助于向下运动，如飞鱼。

海洋食肉性鱼类的生长繁殖

海洋食肉性鱼类的繁殖方式有3种类型：①卵生。绝大多数海洋鱼类属于这一类型，其特点是鱼类将成熟的卵直接排放于水中，进行体外受精，并完成全部发育过程。但也有少数鱼类（如一些鲨鱼）是体内受精，受精卵依然在体外发育。②卵胎生。主要特点是卵子在体内受精，受精卵在体内发育，但胚体的营养是依靠自身的卵黄供给，与母体无关系，如白斑星鲨、白斑角鲨、日本偏鲨、许压犁头鳐、海鲫和黑鲪。③胎生。特点是卵在母体内受精发育，受精卵形成的胚体与母体发生血液循环上的联系，其营养不仅来自本体的卵黄，也需母体供给，如灰星鲨。

凶猛的白斑星鲨

海洋鱼类的产卵量比陆生脊椎动物高得多。其产卵数因种类不同相差十分悬殊，从产数粒大型卵（如多种鲨鱼）到产 3 亿粒浮性卵（如翻车鱼）。一般来说，产卵后不护卵的鱼，产卵量较大，如真鲷产 100 万粒左右，鳗鲡产 700～1500 万粒；产卵后进行护卵的鱼，产卵量较少，如海马产卵数十粒到数百粒。

海洋鱼类的生长和年龄

海洋鱼类在各阶段的生长速度和个体的大小都极不相同。据目前所知，个体最小的鱼类是微虾虎鱼，体长只有 7.5～11.5 毫米；最大的鱼类可达 20 米，如鲸鲨。鱼类长度生长的最迅速时期，通常是在性成熟以前；性成熟以后，鱼所摄食的大部分饵料用于性产物的成熟和储备越冬脂肪，只有小部分用于长度的增长，因而生长缓慢下来；到了衰老期，鱼类的长度生长几乎完全停止。海洋鱼类各个种的生长速度也不同，有的鱼孵出后一年即可长到与亲体一样大小，有的鱼却要经过许多年。

鲸　　鲨

海洋鱼类的寿命依种而异。鰕虎鱼科和灯笼鱼科的一些种类寿命不到 1 年，而某些鲟科的鱼可活到 100 岁。产于中国江浙沿海的大黄鱼已发现最高年龄为 29 岁，大西洋鲱鱼最长寿命为 23 岁。有一些鱼类在第一次性成熟产完卵后，便全部死去，如大马哈鱼和欧洲鳗鲡等。

食肉性鱼——雀鳝

生活习性

营养和摄食

营养是有机体的生活基础。鱼类的繁殖、发育和生长都是依靠摄食食物、获取营养和能量后完成的。在摄食食物的多样性方面，海洋鱼类在脊椎动物中居于首位。按所摄食物的性质，海洋鱼类可分为 3 类：①植食性鱼，饵料以浮游植物为主，如遮目鱼、梭鱼和蓝子鱼。②肉食性鱼，海洋中大多数鱼类属于此类食性，如带鱼、石斑鱼、大黄鱼、鲸鲨和姥鲨。

③杂食性鱼。摄食两种以上性质不同的食物，有动物，也有植物，并兼食水底腐殖质。如斑、叶鲹。

大黄鱼

按摄食食物种类的多少也可将海洋鱼类分3类：①广食性鱼，以多种饵料为食。②狭食性鱼，以少数几种饵料为食。③单食性鱼，以某种饵料为食。

海洋鱼类不同的食性直接影响鱼肉的质量。一般肉食性鱼类的肉质较好，而植食性鱼类的肉质则稍差。但亦有例外，如以浮游生物为食的鲥鱼肉味十分鲜美。

洄游

洄游是海洋鱼类运动的一种特殊形式，它与一般运动截然不同。一般的运动都是条件反射运动，常是由外界的刺激所引起的运动。洄游则是一些海洋鱼类的主动、定期、定向、集群和具有种的特点的水平移动。洄游也是一种周期性运动，随着鱼类生命周期各个环节的推移，每年重复进行。

洄游鱼类

溯河洄游是指在海洋中生活，繁殖期间到江河（包括河口）产卵，它们一生中要经历二次重大变化，一次是其幼鱼从淡水迁入海洋环境，另一次是成年时期又从海洋洄到淡水环境中进行繁殖活动。因之它们在生理方面亦产生了有效地适应，方能克服洄游过程中的种种困难。溯河鱼类在溯河洄游中遇到最大的问题就是渗透压的调节。所有溯河鱼类都具有很好的调节能力，如大鳞大马哈鱼在海中生活时期血液冰点下降为－0.762℃，在咸淡水中生活一段时期后则为－0.737℃，在到达江河上游产卵场时－0.628℃，血液中的盐分显著减少了，同时它鳃部的分泌细胞功能亦显著加强了。溯河产卵洄游的鱼类也相当普遍，如我们熟知的鲥、鲚、银鱼、鲟鱼、大马哈鱼等。大马哈鱼平时生活在海洋之中，到生殖时期，就集群溯河而上，它们逆水上游的能力很强，甚至途中遇到像瀑布那样的障碍，亦会克服重重困难，奋力跃出水面，越过障碍，到达目的地。大马哈鱼产卵洄游的另一特点是"回归"性特别强，世世代代都不会忘记从海洋再回到它原来出生的淡水河流里来进行产卵繁殖。我国四大家鱼（青、草、鲢、鳙）等淡水鱼，在产卵前自下游及支流洄游到河流的中上游产卵，有的行程达 500～1000 千米以上，这是产卵洄游的又一种类型。

属于这一类型的代表以鳗鲡最明显，它们平时栖息在淡水里，性成熟后开始离开其索饵、生长的水域，向江河下游移动，在河口聚成大群，游向深海。由我国入海的鳗鲡，究竟游往何处？有的说在琉球群岛附近产卵。欧洲、美洲大陆入海的鳗鲡，业已证明在大西洋百慕大以南、水深400 米左右的海区产卵。鳗鲡性成熟期较长，雄性的 8～10 年，雌性则更长。鳗鲡的洄游，一般多在夜间进行，开始洄游时身体肥满，但在长距离洄游途中消耗巨大能量，又不觅食，体质极消瘦，到达产卵场产完卵后，亲鱼大部疲惫而死。孵化后，幼鱼逐渐向原来的栖居处所洄游，其时幼鱼白色，头细，形如柳叶状，称为柳叶鳗，它漂泊于水面波涛间，回到欧洲的柳叶鳗须经三年之久，在进入淡水以前，始变为鳗形的线鳗。回到美洲的柳叶鳗，行程较短，约需一年时间方可变态进入淡水。

奇异的海洋鱼类

会爬树的鱼

鱼类在水中生活的主要呼吸器官是鳃。鱼儿离开水，鳃丝干燥，彼此粘接，鱼类就会停止呼吸，生命也就停止了。然而，在我国沿海生活着一种能够适应两栖生活的弹涂鱼。

弹涂鱼

弹涂鱼体长 10 厘米左右，略侧扁，两眼在头部上方，似蛙眼，视野开阔。它的鳃腔很大，鳃盖密封，能贮存大量空气。腔内表皮布满血管网，起呼吸作用。它的皮肤亦布满血管，血液通过极薄的皮肤，能够直接与空气进行气体交换。其尾鳍在水中除起鳍的作用外，还是一种辅助呼吸器官。这些独特的生理现象使它们能够离开水，能够较长时间在空气中生活。此外，弹涂鱼的左右两个腹鳍合并成吸盘状，能吸附于其他物体上。弹涂鱼发达的胸鳍呈臂状，很像高等动物的附肢。遇到敌害时，它的行动速度比人走路还要快。生活在热带地区的弹涂鱼，在低潮时为了捕捉食物，常在海滩上跳来跳去，更喜欢爬到红树的根上面捕捉昆虫吃。因此，人们称之为"会爬树的鱼"。

神奇的"魔鬼鱼"

"魔鬼鱼"是一种庞大的热带鱼类，学名叫前口蝠鲼。"魔鬼鱼"的个头和力气常使潜水员害怕，因为只要它发起怒来，只需用它那强有力的"双翅"一拍，就会碰断人的骨头，置人于死地，所以人们叫它"魔鬼鱼"。有的时候蝠鲼用它的头鳍把自己挂在小船的锚链上，拖着小船飞快地在海上跑来跑去，使渔民误以为这是"魔鬼"在作怪，实际上是蝠鲼的恶作剧。

魔鬼鱼

"魔鬼鱼"喜欢成群游泳，有时潜栖海底，有时雌雄成双成对升至海面。在繁殖季节，蝠鲼有时用双鳍拍击水面，跃起腾空，它能跃出水面，在离水一人多高的上空"滑翔"；落水时，声响犹如打炮，波及数里，非常壮观。

蝠鲼看上去令人生畏，其实它是很温和的，仅以甲壳动物或成群的小鱼小虾为食。在它的头上长着两只肉足，这是它的头鳍。头鳍翻着向前突出，可以自由转动。蝠鲼就是用这对头鳍来驱赶食物，并把食物拨入口内吞食。

能发电和发射电波的鱼

在鱼类王国里有一类是会发电和会发射无线电波的鱼，它们猎食和御敌的方法是十分巧妙的。

在浩瀚的海洋里生活着会发电的电鳐，它的发电器是由鳃部肌肉变异而来的。在电鳐头部的后部和肩部胸鳍内侧和左右各有一个卵圆形的蜂窝状大发电器。每个发电器官最基本结构是一块块小板——电板（纤维组织），约40个电板上下重叠起来，形成一个个六角形的柱状管，每侧有600个管状物，称为电涵管。电涵管内充填有胶质物，故肉眼观察为半透明的乳白色，与周围粉红色肌肉显然不同。每块电板具有神经末梢的一面为负极，另一面为正极。电流方向由腹方向背方，放电量70伏特～80伏特，有时能达到100伏特，每秒放电150次。人们解剖电鳐时，发现其胃内有完整的鳗鱼、比目鱼和鲑鱼，这是电鳐放电把活动力强的鱼击昏然后吞食之。因此，电鳐有"海底电击手"之称。

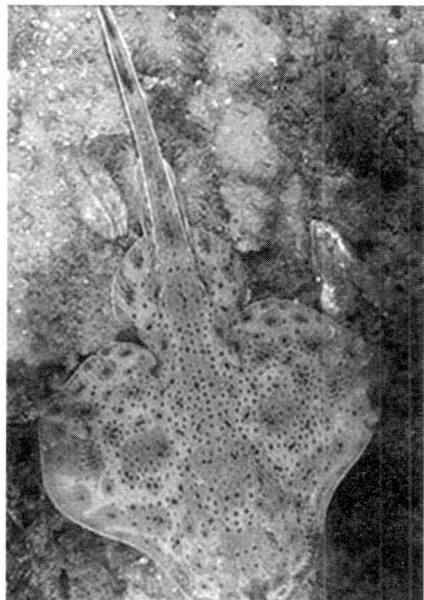

电　　鳐

除电鳐外，刺鳐、星鳐、何氏鳐和中国团扇鳐等均具有较弱的发电器官。

会发声的鱼

一般人都以为鱼类全是哑巴，显然这是不对的。许多鱼类会发出各种令人惊奇的声音。例如康吉鳗会发出"吠"音；电鲶的叫声犹如猫怒；箱鲀能发出犬叫声；鲂鮄的叫声有时像猪叫，有时像呻吟，有时像鼾声；海马会发出打鼓似的单调音。石首鱼类以善叫而闻名，其声音像碾轧声、打鼓声、蜂雀的飞翔声、猫叫声和呼哨声，其叫声在生殖期间特别常见，目的是为了集群。

鱼类发出的声音多数是由骨骼摩擦和鱼鳔收缩引起的，还有的是靠呼吸或肛门排气等方式。有经验的渔民能够根据鱼类所发出声音的大小来判断鱼群数量的大小，以便下网捕鱼。

海中鸳鸯——蝴蝶鱼

当人们见到陆地上飞舞的蝴蝶时会赞声不绝，而蝴蝶鱼的美名，就是因为这种鱼与美丽的蝴蝶相似。人们若要在珊瑚礁鱼类中选美的话，那么最富绮丽色彩和引人遐思的当首推蝴蝶鱼了。

蝴蝶鱼俗称热带鱼，是近海暖水性小型珊瑚礁鱼类，最大的可超过30厘米，如细纹蝴蝶鱼。蝴蝶鱼身体侧扁，适宜在珊瑚丛中来回穿梭，它们能迅速而敏捷地消逝在珊瑚枝或岩石缝隙里。蝴蝶鱼吻长口小，适宜伸进珊瑚洞穴去捕捉无脊椎动物。

蝴蝶鱼

蝴蝶鱼生活在五光十色的珊瑚礁礁盘中，具有一系列适应环境的本领。蝴蝶鱼艳丽的体色可随周围环境的改变而改变。蝴蝶鱼的体表有大量色素细胞，在神经系统的控制下，色素细胞可以展开或收缩，从而使体表呈现不同的色彩。通常一尾蝴蝶鱼改变一次体色要几分钟，而有的仅需几秒钟。

许多蝴蝶鱼有极巧妙的伪装，它们常把自己真正的眼睛藏在穿过头部的黑色条纹之中，而在尾柄处或背鳍后留有一个非常醒目的伪眼，常使捕食者误认为是其头部而受到迷惑。当敌害向其伪眼袭击时，蝴蝶鱼剑鳍疾摆，逃之夭夭。

蝴蝶鱼对爱情忠贞专一，大部分都成双成对，好似陆生鸳鸯，它们成双成对在珊瑚礁中游弋、戏耍，总是

形影不离。当一尾蝴蝶鱼进行摄食时，另一尾就在其周围警戒。蝴蝶鱼由于体色艳丽，深受我国观赏鱼爱好者的青睐。它们在沿海各地的水族馆中被大量饲养。

发光的鱼

在海洋世界里，无论是广袤无际的海面，还是万丈深渊的海底都生活着形形色色、光怪陆离的发光生物。海洋世界宛如一座奇妙的海底龙宫，整夜鱼灯虾火通明。正是这些发光生物给没有阳光的深海和黑夜笼罩的海面带来光明。事实上，在黑暗层至少有44%的鱼类具备自身发光的本领，使其在长夜里能够看见其他物体，方便捕食，寻找同伴和配偶。有些鱼类（例如我国东南沿海的带鱼和龙头鱼）发光，是由身上附着的发光细菌所发出的，而更多的鱼类发光则是由鱼本身的发光器官所发出的。

会发光的鱼（一）

烛光鱼腹部和腹侧有多行发光器，犹如一排排的蜡烛，故名烛光鱼。深海的光头鱼头部背面扁平，被一对很大的发光器所覆盖，该大型发光器可能就起视觉的作用。

会发光的鱼（二）

鱼类发光是由一种特殊酶的催化作用而引起的生化反应。发光的荧光素受到荧光酶的催化作用，荧光素吸收能量变成氧化荧光素，释放出光子而发出光来。这是化学发光的特殊例子，即只发光不发热。有的鱼能发射白光和蓝光，另一些鱼能发射红、黄、绿和鬼火般的微光，还有些鱼能同时发出几种不同颜色的光，例如深海的一种鱼具有大的发光颊器官，能发出蓝光和淡红光，而遍布全身的其他微小发光点则发出黄光。

鱼类发光的生物学意义有四点：一是诱捕食物，二是吸引异性，三是种群联系，四是迷惑敌人。

形态奇特的翻车鱼

翻车鱼长得很离奇，它体短而侧扁，背鳍和臀鳍相对而且很高，尾鳍很短，看上去好像被人用刀切去一样。因此，它的普通名称也叫头鱼。

翻车鱼

翻车鱼游泳速度缓慢。它生活在热带海中，身体周围常常附着许多发光动物。它一游动，身上的发光动物便会发出明亮的光，远远看去像一轮明月，故又有"月亮鱼"之美名。翻车鱼这种头重脚轻的体型很适宜潜水，它常常潜到深海捕捉深海鱼虾为食。

翻车鱼既笨拙又不善游泳，常常被海洋中其他鱼类和海兽吃掉。而它不致灭绝的原因是其所具有的强大的

生殖力，一条雌鱼一次可产三亿个卵，在海洋中堪称是"最会生孩子的鱼妈妈"了。

翻车鱼遍布世界各大洋，我国沿海有三种翻车鱼，即翻车鱼、黄尾翻车鱼和矛尾翻车鱼。

鱼类种类的差异及研究

大多数以鳃呼吸、用鳍运动、体表被有鳞片、体内一般具有鳔和变温的海洋脊椎动物。现生鱼类共 2 万余种，其中海洋鱼类约有 1.2 万种，为鱼类中最繁盛的类群。

黑点虾虎鱼

海洋鱼类从两极到赤道海域，从海岸到大洋，从表层到万米左右的深渊都有分布。生活环境的多样性，促成了海洋鱼类的多样性。但由于生活方式相同，产生一系列共同的特点：具有呼吸水中溶解氧的鳃，鳍状的便于水中运动的肢体，能分泌黏液以减少水中运动阻力的皮肤。此外，在体型结构、繁殖生长、摄食营养、运动等方面都有其特点。

研究简史 一般认为，对海洋鱼类的研究，是从公元前 4 世纪希腊学者亚里士多德开始的。他在《动物志》一书中，记录有爱琴海的鱼类 115 种，并对鱼类的结构、繁殖、洄游等方面作了较为系统的记述。近代海洋鱼类的研究，由法国学者 G.B. 居维叶和 A. 瓦朗西纳发表《鱼类自然史》（1828～1829）开始，以后各国对海洋鱼类的洄游、繁殖、生长及其资源的分布和开发进行了大量调查和研究，其中以"挑战者"号、"信天翁"号、"丹纳"号等调查船的工作成就最为显著。20 世纪 50 年代以来，广泛应用电子显微镜等新技术，对海洋鱼类的发生、组织、生理和生态等进行了大量研究。

人类对海洋鱼类的研究历史溯源久远。公元前 4 世纪，希腊学者亚里士多德在他的《动物志》一书中记录了生存于爱琴海的 115 种鱼类，并对鱼类的结构、繁殖和洄游等方面作了较为系统的叙述。我国是世界上开发、利用和研究海洋鱼类最早的国家之一。1975 年在山东胶州湾畔发掘的古墓就证实了中国远在新石器时代就能捕捞鳓鱼、梭鱼、黑鲷和蓝点马鲛等多种海洋鱼类。在古代的著述中，不仅有鱼类习性、渔期的详细记述，而且有海鱼的生长、繁殖和生态等方面的知识。

姥鲨

近代海洋鱼类的研究，据说是由法国学者 G. B. 居维叶和 A. 瓦朗西纳发表的《鱼类自然史》开始的，以后各国学者对海洋鱼类的洄游、繁殖、生长及其资源的分布和开发进行了大量调查和研究，其中以"挑战者"号、"信天翁"号和"丹纳"号等海洋调查船的工作成就最为显著。20世纪50年代以来，人们广泛应用电子显微镜、卫星遥感等高新技术，对海洋鱼类的组织、生理和生态进行了大量研究。50年代我国对中国海洋鱼类进行了大规模的普查，出版了一系列鱼类专著，对鱼类的生理、生态和遗传等方面进行了研究开发。

海洋鱼类的生存

海水鱼为了不让体内的水分丧失，不仅泌尿量很少，而且还可以通过饮用海水用肠道吸收的方法来补偿不足的水分。海水鱼在吸收水分的同时，虽然也吸收一些不需要的一价离子，但是这些离子能和从体表渗入的一价离子一起，在鳃中对抗浓度梯度（浓度梯度：如果液相中的两点间有浓度差时，当两点间的距离为 $\triangle X$，浓度差别为 $\triangle C$，则 $\triangle C/\triangle X$ 为浓度梯度）。在具有浓度梯度的空间里，即按热力学自动进行的方向，在高浓度向低浓度移动（扩散）的作用下，把 Na^+ 和 Cl^- 排到海水中去。吸进体内的两价离子（如 Mg^{2+}），大部分从肛门排走，一小部分从尿中排掉。

同淡水鱼相比，海水鱼鳃具有非常高的透过一价离子的能力。此外，海水鱼鳃中还含有高度发达的称为"盐细胞"的大型分泌细胞。这种细胞中的钠—钾腺苷三磷酸酶的活性很高，主动担负着排除钠离子的作用。

老头鱼

海洋鱼类与盐度

广盐性是指生物可耐受外界广阔范围的盐分浓度变化而能生活的性质。具有这种性质的生物，称为广盐性生物。栖息于河口附近淡海水域的生物，干沙滩及大型水库的生物以及往返于江河和海洋的洄游鱼类等，均属于此类生物。动物要耐受外界环境盐分浓度的变化，有两种方法，第一是渗透适应型，常见的有栖于淡水海滨的体表渗透性高的无脊椎动物，例如贻贝、沙蠋属蚕等，它们均能生活于20%～30%至100%的海水水域，体液浓度与外界浓度为等渗的；另外，半陆生性的寄居虫能在50%～200%的海水中生活。第二是渗透调节型，如鲽类、鲻属、虎鱼属、鳉鱼属、大马哈鱼属和鳗鲡属等硬骨鱼类，它们均能生活于淡水或10%至

鳉　　鱼

100%～200%的海水中，而其体液浓度维持恒定。在植物方面，芦苇等就是属于广盐性植物。

与广盐性动物相对的就是狭盐性生物。生物对外界盐度变化的耐受能力不大，往往只能生活于一定盐度的环境中的这种性质称为狭盐性。许多海洋无脊椎动物和外洋性鱼类均为狭盐性生物，特别是深海生物，因为只生活在盐度一定的海水中，其狭盐性更为显著。淡水动物的体液渗透浓度虽然比外界高，但许多淡水动物在比体液浓度高的条件中因缺乏排出浸入体内盐类的能力而不能生存，所以淡水动物也是狭盐性生物。

鳗　　鲡

引起鱼类洄游的原因很多，外界环境条件是重要的因素，但是鱼类本身生理上的要求则是主要的因素。各种鱼类的生理情况不同，鱼类为了维持自己的生命和新陈代谢，就必须按照本身的生理要求，随外界环境的变

化而作有规律的洄游。洄游一般可以分为生殖洄游，适温洄游，索饵洄游。

鲨　鱼

由于海水中有大量盐分，故比重高、密度大，海水鱼鱼体组织的含盐浓度比外界海水的含盐浓度要低得多。根据渗透压原理，海水鱼鱼体组织中的水力将不断地从鳃和体表向外渗出。为了保持体内水分平衡，海水鱼便不得不吞食大量海水，以弥补体内的失水。然而，由于大口大口地吞食海水，进入鱼体内的盐分也大大增加了。这样，海水鱼除了从肾脏排除掉一部分盐分外，三要还是依靠鳃组织中的泌氯细胞来完成排盐任务。此外，也有一些海水鱼，主要是软骨鱼类，如鲨鱼，则将代谢后的氮化物以尿素形式贮存于血液中，使血液浓度增高，渗透压也变得与海水相当，这样，也就不存在吞水和排盐问题了。

不同环境下的海洋生物

由于海洋环境要比陆地上复杂得多，因此，一般的海洋生物要比陆地生物的繁殖力强，它们的求偶方式、繁殖和生殖方式都非常巧妙。即使是这样，在众多的海洋生物群落中，也只有少数强壮的海洋生物在适应了其生存环境之后才存活下来。这是因为，在海洋里，由于光线、压力、盐度、海流、潮汐、波浪、营养盐以及地质等条件的不同，形成了千差万别的生存环境。在各种环境中，不管是什么样的生物，只要它活下来，即是它对周围环境产生了惊人的适应能力。当然，这种适应能力不是无限的，当环境由于外来因素发生突然变化，超过生物的生理允许限度时，这些生物不逃亡，便会死亡。从另一方面看，在众多的海洋生物群体之间，

海　豚

也有一个相互间适应的生存需要。这种互为依存的生存需要是在食物链关系下生存的。这种关系经历了漫长的演变和进化过程，形成了相对稳定的结构，保护着生态平衡状态。在不同的海洋环境中，有着完全不同类型的生态系统。例如，在潮间带有各种生物组成的潮间带生态系统。这一个个生态系统在它们适应了自身的生活环境之后组织起来，这就是整个海洋的生态系统。

姿态万千的海洋鱼类

海水的性质决定了海洋生物的丰富和特点，而它在海洋中的每个角落是不一样的。海水水平变化要比垂直变化速度快得多。这一特点决定了浮游生物和底栖生物的生活环境。海水很快吸附了太阳辐射的光和热，由于

海水中含有各种悬浮物质和浮游植物，阳光在开阔的海洋中辐射入海水的深度大于数百米；而在混浊的沿岸水域中，辐射深度只有数十米；在光层下面一直到数千米的海底则漆黑的一片。海水也是随着深度的增加而温度变低的。

生物的形态、习性和颜色随深度而变化是很明显的。所以，每一水层中的生物有共同的特性。在表层十几厘米的水层里，有食肉的蓝色甲壳纲动物、软体动物和管水母。往下是弱光层，颜色发红和发黑的动物取代了透明的无脊椎动物。再往下，是漆黑的深海区，它的光线来自底栖鱼类如鱿鱼、灯笼鱼的发光器官。生活在海底上的生物也是随深度变化而变化，从大陆架到大陆坡直到深海底。在泥质海底上以掘穴动物为主，而在深海软泥海底则以虫、甲壳纲动物和海参为主。对于那些从海水中吸吮悬浮物质为生的鱼类来说，其数量与深度成反比；而对于那些从海底沉积物中觅食为生的鱼来说，则能生活在很深的海底。

最高级别 鲸鱼海兽类

什么是海洋生物生产力

海洋生物生产力是指每洋中生物通过同化作用生产有机物的能力。它是海洋生态系统的基本功能之一，通常以单位时间（年或天）内单位面积（或体积）中所生产的有机物的重量来计算。也有人主张用生产有经济价值的水产品的数量来表示，以实际生产力代表某一水域中取得的实际产量，以潜在生产力代表条件改变下可能取得的产量。

净生产力是指单位时间内单位面积（或体积）中所同化有机物总量扣除消费之后的余额。在多数情况下，净生产力不到总生产力的一半。

在多数情况下，海洋生物同化有机物需经过初级生产、二级生产、三级甚至四级生产，达到终级生产等不同的环节，才能转化为人类食用的各种水产品，其中肉食性鱼类一般要经过三四级的转化。终级生产是从人类的需要出发的各种水产品，有时可以是初级生产者、二级或三级生产者。各级生产力的转化通常是通过海洋食物链和海洋食物网的渠道来完成的。海洋生物生产力包括海洋初级生产力和海洋动物生产力。

海洋初级生产力

海洋初级生产力是指浮游植物、底栖植物（包括定生海藻、红树和海草等高等植物）以及自养细菌等生产者通过光合作用制造有机物的能力，也称为海洋原始生产力。一般以每天（或每年）单位面积所固定的有机碳（或能量）来表示，即克碳/（米^2·天），或千卡/（米^2·小时）。海洋初

级生产力是最基本的生物生产力，是海域生产有机物或经济产品的基础，亦是估计海域生产力和渔业资源潜力大小的重要标志之一。

海洋初级生产量是自养生物在单位时间、单位面积（或体积）内生产有机物的实际数量，又称为海洋实际初级生产量。一般以每天（或每年）单位面积所生产的干物质量〔克/（米²·年）〕表示。初级生产量，分为总（或毛）初级生产量（一般用PG表示）和净初级生产量（一般用PN表示）。前者是指单位时间、单位面积（或体积）内自养生物合成有机物的数量；后者则是从总（或毛）初级生产量中扣除代谢消耗量（一般用RA表示）后的剩余有机物量（即PN＝PG－RA）。

测定方法

海洋植物初级生产力研究开始较晚。H. 施罗德于1919年首次简单地报道了定生藻类的初级生产力。1927年，T. 盖尔德和 H. H. 格兰首先应用测氧法，即黑白瓶法，测定了海洋初级生产力。该法用黑、白瓶分别测定光合生物进行呼吸作用所消耗的氧和进行光合作用所释放的氧，根据其差别计算出初级生产力。1952年，E. 斯蒂曼—尼尔森提出14C测定方法。该法灵敏度比测氧法高约100倍，且不需要长时间曝光培养，尤其适合于测定贫营养的大洋区的初级生产力，因而被海洋学家选用为测定初级生产力的常规方法。20世纪60年代以来，采用液体闪烁计数器，提高了对14C的测定效率。但测氧法和14C法只能测定不连续水样中的光合作用速率，很难了解海洋浮游植物初级生产力全貌。鉴于浮游植物中的光合色素直接参与光合作用，通过叶绿素A、B、C含量比例的测定，可以分析样品中的种类组成，根据叶绿素A的含量，可以间接地推算出初级生产力。因此，国际上现已广泛采用叶绿素含量测定法。叶绿素含量的测定法有分光光度法和荧光光度法。70年代以来，随着遥感技术的发展，加快了海洋初级生产力的调查研究步伐。一些学者根据海洋生态系统的平均生产力值，绘出了全球海洋初级生产力图。不少学者还根据生物的和非生物的参数，对初级生产力进行了数学模拟研究。

各海域的初级生产力

各海域的初级生产力主要由海洋浮游植物生产力和海洋底栖植物生产力组成。

海洋浮游植物生产力。1941、

1948 和 1956 年，G. A. 赖利等在美国长岛和英格兰沿岸测量到的生产力为 15～350 毫克碳/（米²·天）。较高的记录是在非洲西南大西洋沿岸由 E. 斯蒂曼—尼尔森于 1954 年取得的，高达 6000 毫克碳/（米²·天）。H. U. 斯韦尔德鲁普于 1955 年绘出整个洋区浮游植物的生产力图。1955、1956 和 1957 年，M. S. 多蒂在夏威夷和太平洋赤道附近做了大量调查，观察到这个区域的浮游植物生产力不高，只有 0.5～10 毫克碳/（米²·天）。1969 年，J. H. 赖瑟计算不同海区浮游植物固定碳的数量，认为大洋区浮游植物初级生产力为（15～18）×10⁹ 吨碳/年，整个海洋约为 20×10⁹ 吨碳/年。1970 年，科布林茨—米什克根据 7000 个实测数据，把世界海洋水域分成 5 种类型，估算出世界海洋浮游植物的初级生产力约为 23×10⁹ 吨碳/年。1975 年，J. 普拉特等订正为 31×10⁹ 吨碳/年。1979 年提高为 45×10⁹ 吨碳/年。1980 年，苏联 K. K. 马尔科夫认为

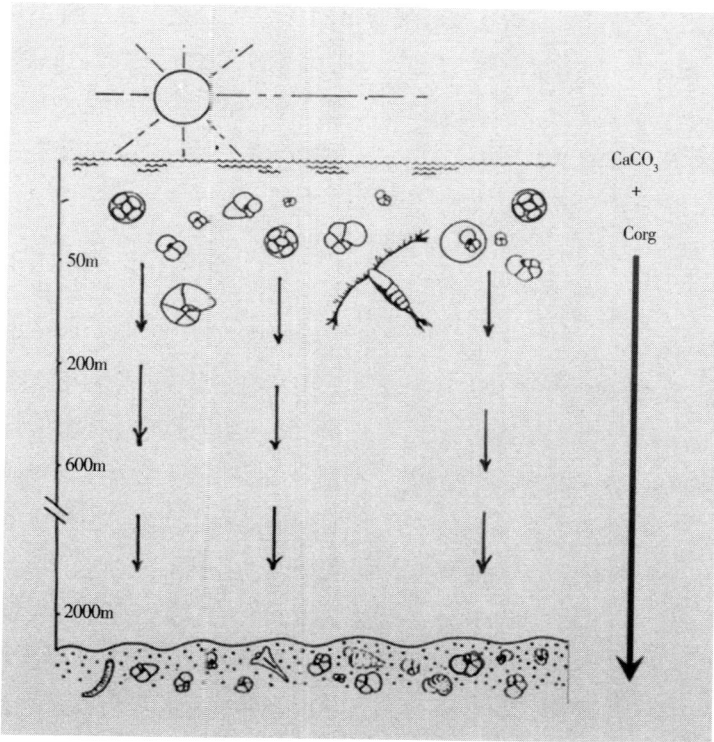

海洋初级生产力示意图

世界海洋浮游植物的初级生产力达 43×10^{10} 吨碳/年。1981 年，美国 C. J. 道斯指出世界海洋净初级生产力为 10.74×10^{10} 吨碳/年。就三大洋来说，印度洋的平均初级生产力最高，达 80 克碳/（米^2·年）；大西洋次之，平均为 69 克碳/（米^2·年）；而太平洋平均生产力只有 46 克碳/（米^2·年）。

海洋底栖植物生产力。海洋底栖植物大都定生在海岸带附近。近 20 年来，一些学者对这类植物的初级生产力进行过一些研究，但由于这类植物的生态条件差异很大，测定方法难以标准化，再加上缺乏系统的工作，因此测定和估算的数字差别很大。一般认为它们的生产力大约是海洋浮游植物的 2%～5%。据推算，大型海藻的总生产力为 0.06×10^9 吨碳/年。

海洋动物生产力

海洋动物生产力包括海洋生物二级生产力、三级生产力、四级生产力（合称为次级生产力），直至动物的终级生产力。

二级生产力

二级生产力是指以植物、细菌等初级生产者为营养来源的生物生产能力。二级生产者（又称初级消费者）处于食物链的第二个环节，是肉食性动物的摄食对象，为初级生产者与三级生产者或终级生产者之间的能量转换者。二级生产者主要包括浮游动物、大部分底栖动物和植食性游泳动物（主要是幼鱼、小型虾类等）。

三级生产力

三级生产力是指以浮游动物等二级生产者为营养来源的生物生产能力。三级生产者处于食物链的第三个环节，为二级生产者与四级生产者或终级生产者之间的能量转换者。同时，有一部分成为海洋水产资源。三级生产者主要包括一些肉食性的鱼类和大型无脊椎动物。

终级生产力

终级生产力是指一些自身不再被其他生物所摄食的生物生产能力。终级生产者处于食物链的末端，在食物链中是经过若干营养层次的捕食与被食的关系转化而来。它们中绝大多数是海洋渔业的捕捞对象，其数量的多寡直接影响渔业的丰歉。终级生产者主要包括凶猛的鱼类和其他大型或特大型动物。有时可以是一级生产者，如海带；也可以是二级生产者，如毛虾；还可以是三级生产者，如太平洋鲱。

海洋动物生产力的测定方法　由于一些游泳动物，如洄游性鱼类和鲸类等，它们的栖息地变化较大，所以其生产力的估计要比初级生产力复杂得多。通常是把某一生活周期前后量（现存量）的增加称为净生产量，将该周期内所测定的呼吸量和死亡量加以订正而得出总生产量。在实际工作中，一般依据实验所得的摄食量、排泄量、呼吸量以及生长量等数值进行适当处理，估算出天然水域的状况。

生态效率与人类活动对海洋生物生产力的影响

生态效率是指在限定的时间和空间内，处于某一食物链级次的动物往高一级次输送的能量与该动物本身所消耗的下一级次生物的能量之比。生态效率按赖瑟的意见大致为 $10\%\sim20\%$，即食物链级次每升高一级，生物量就要减少到只剩 $1/10\sim1/5$，食物链级次的效率，就是饵料生物向捕食者的转换效率。转换效率往往依饵料生物种类、捕食者种类的大小和水温等变化。这样，食物链每升高一个级次，能量就有损失；级次数目越多，总体效率就越低。可见，在一个水域中一般是食物链级次越高的动物，其相对数量越少；食物链级次越低的动物，其数量也越多。因此，生产植食性鱼类要比生产肉食性鱼类的产量大很多。

大洋占整个海洋总面积的 90%。可是，至少在热带海域，大洋的生产力与陆地沙漠一样的低。近陆地的大陆棚区，上下层水交换频繁，下层营养盐向上层补充的效率高，江河水流又带来了丰富的营养盐，因而生产力比大洋约高一倍。海洋中生产力最高的水域是上升流区，平均约等于沿岸水域的 3 倍，但其面积仅占整个海洋的 $1/1000$。大洋、沿岸和上升流 3 类海域的平均初级生产力分别为 50、100、300 克碳/（米^2·年）。据赖瑟在 1969 年的统计，上述 3 类海域面积所得的初级生产量每年分别为 163 亿吨、36 亿吨和 1 亿吨有机碳，整个海洋每年光合作用固定下来的碳约 200 亿吨。

从食物链的级次分析，大洋的主要终级水产品为金枪鱼等，整个食物链约为 5 级，沿岸水域约为 3 级。上升流海域的食物链最短，高产种类（如秘鲁鳀等）多以浮游植物为食，稚鱼期以浮游动物为食，食物链约为 1.5 级。大洋、沿岸水域和上升流水域的平均生态效率分别约为 10%、15% 和 20%。根据这些数值推算出 3

类海域的鱼类生产量，大洋区约为160万吨，沿岸和上升流海域各为1.2亿吨，大洋的鱼类生产量仅为上升流海域的1/75。这显然是由于上升流水域的食物链级次少而生态效率高，而大洋区则级次多、生态效率低所致。

这类估算，因各类型海域食物链级次数目和生态效率数值的不同，会有很大的差别。如能弄清楚每个海域食物网的结构与机能，了解物质循环和能量流动的详细过程，便能对自然生产力给予更有效地利用。

随着科学技术的发展，人类的活动对自然海域的影响，越来越产生重大作用。如不合理的强度捕捞造成渔捞过度（特别是补充捕捞过度或生长捕捞过度），致使世界海洋传统性渔场和传统性捕捞对象的资源普遍衰落。工业污水等已严重地影响了近岸生物的生活条件，从而直接或间接地影响了近岸海域的生产力。

另一方面，人们有意识地改善某一海域的环境条件及其生物区系的主要成员，采取海洋生产农牧化的途径，科学地开发利用与发展生物资源，则可以显著地提高海域的生产力。如运用人工上升流，将深层水的营养盐抽取到表层，可以提高初级生产力，获得较多的终级水产品；对经济价值较

高的海洋生物，进行人工栽培养殖和种苗放流增殖，亦能提高海域的生物生产力。

认识鲸类动物

鲸类的拉丁学名是由希腊语中的"海怪"一词衍生的，由此可见古人对这类栖息在海洋中的庞然大物所具有的敬畏之情。其实，鲸类动物的体形差异很大，小型的体长只有1米左右，最大的则可达30米以上。它们中的大部分种类生活在海洋中，仅有少数种类栖息在淡水环境中，体形同鱼类十分相似，体形均呈流线型，适于游泳，所以俗称为鲸鱼，但这种相似只不过是生物演化上的一种趋同现象。因为鲸类动物具有胎生、哺乳、恒温和用肺呼吸等特点，与鱼类完全不同，因此属于哺乳动物。鲸鱼一分钟的心跳只有10次。

白鳍豚

陆地上最大的动物是大象，而海洋里最大的动物则是鲸。也许是因为海洋的面积比陆地大得多，所以鲸也比大象大许多倍，或许这可以称之为尺度效应。因此，鲸类也是现在地球上最大的动物。地球上属于鲸目的动物有90多种，实在是一个庞大的家族。但是所谓的鲸鱼，事实上并非真正的鱼，而是一种鱼形的脊椎动物，隶属于哺乳纲鲸目。5000多万年以前，现代鲸的祖先离开了陆地进入了广袤无垠的大海，其后经过漫长的岁月，才逐渐演化成现在的样子，遍布于世界的海洋中。

鲸鱼的特点

鲸类动物的共同特点是体温恒定，大约为37℃左右。鲸鱼的皮肤裸出，没有体毛，仅吻部具有少许刚毛，没有汗腺和皮脂腺。皮下的脂肪很厚，可以保持体温并且减轻身体在水中的比重。它的头骨发达，但脑颅部小，颜面部大，前额骨和上颌骨显著延长，形成很长的吻部。颈部不明显，颈椎有愈合现象，头与躯干直接连接。鲸鱼的前肢呈鳍状，趾不分开，没有爪，肘和腕的关节不能灵活运动，适于在水中游泳。后肢退化，但尚有骨盆和股骨的残迹，呈残存的骨片。尾巴退化成鳍，末端的皮肤左右向水平方向扩展，形成一对大的尾叶，但并不是由骨骼支持的，脊椎骨在狭长的尾干部逐渐变细，最后在进入尾鳍之前消失。鲸鱼的尾鳍和鱼类不同，可作上下摆动，是游泳的主要器官。有些种类还具有背鳍，用来平衡身体。它们的骨骼具有海绵状组织，体腔内有较多的脂肪，可以增大身体的体积，减轻身体的比重，增大浮力。

鲸　鱼

虎　鲸

鲸鱼的眼睛都很小，没有泪腺和瞬膜，视力较差。没有外耳壳，外耳道也很细，但听觉却十分灵敏，而且能感受超声波，靠回声定位来寻找食物、联系同伴或逃避敌害。鲸鱼的外鼻孔有1~2个，位于头顶，俗称喷气孔，一般鼻孔位置越靠后者进化程度越高。鲸鱼用肺呼吸，左右各有一叶肺，其中有许多毛细血管，富有弹性，能有助于氧的流通，适应在水面上进行的气体交换，每隔一段时间需要浮出水面来进行换气，也能潜水较长时间。鲸鱼的肋骨有10~20对，胃分为4个室，肾脏大多为瘤状。雄兽的睾丸位于腹腔内。雌兽在水中产仔和哺乳，子宫为双角形，有一对乳房，位于生殖裂两侧的乳沟内，有细长的乳头，乳汁中含有丰富的钙、磷和大量的脂肪。幼仔在胚胎期间都具有牙齿，但须鲸类的牙齿到出生的时候则被须所取代，齿鲸类的牙齿则终生保留。

鲸是一种温血动物，其体温总是保持在37℃左右，跟人的体温差不多。但是，海水却是凉的，特别是在北极，水温常在零度以下。而且，水吸收热量的速度要比空气快得多，所以鲸类都有一层海绵状厚厚的皮层和皮层以下一层厚厚的脂肪作为绝缘层，以保证体内热量尽量少地散失。除此之外，由于水的阻力比空气大得多，所以鲸运动起来则需要更多的能量和体力。当然，有其弊也必有其利，因为海里食物丰富而竞争者少，所以比较容易吃饱肚皮。而且，也许更重要的是，海水虽然阻力很大，但浮力也大，像鲸这样的庞然大物，长达数十米，重达100多吨，在陆地上是无论如何也生存不下去的，不用说觅食，就是活动起来也极为困难，寸步难行。所以，鲸鱼为肥胖的人提供了一个不必减肥的生活方法，那就是回到水里去生活！

独角鲸

鲸鱼的种类

就整个海兽类而言，以鲸的种类为最多，数量也最可观。鲸可以分为两大类：一类是口中没有牙齿，只有须的，叫做须鲸；另一类是口中无须而一直保留牙齿的，叫做齿鲸。须鲸的种类虽少，但它们身体巨大，成为人类最主要的捕捉对象，其中有身体巨大、无与伦比的蓝鲸，有行动缓慢、头大体胖的露脊鲸，有喜游近岸、体短臂长、动作滑稽的座头鲸，还有体小吻尖的小须鲸等等。齿鲸的种类较多，除抹香鲸外，其余身体一般都较小，如凶猛无比的虎鲸和海豚。尽管鲸的身体有长短粗细的差别，但一律呈流线型，样子都像鱼，所以人们多称它为鲸鱼。不过，鲸却是兽类。它也像人一样，不断地浮出水面呼吸空气。有时我们在海面上可以见到鲸呼气时喷出的一股股白色雾柱，有的高达10余米，状如喷泉，十分壮观。

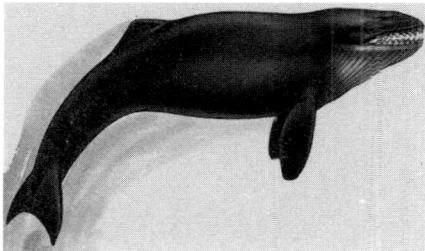

须　　鲸

须鲸类动物的体形巨大，最小的种类体长也大于6米。口中没有牙齿，只有在胚胎发育时可以看到退化的牙齿，但上颌左右两侧的腭部至咽部各生有150～400枚呈梳齿状排列的角质须。须的颜色、形状和数目因种类的不同而有差异，是对鲸进行分类的重要依据之一。须鲸的外鼻孔有2个，位于头顶，呼吸换气时可以喷出两股水柱。头骨极大，有的种类可达体长的1/3，左右对称。须鲸的颈椎愈合或者分离；胸骨较小，仅有1～2对肋骨与胸骨相连接，胸廓不完全；没有锁骨；鳍肢一般具4指。须鲸的消化道中具有盲肠。主要以磷虾等小型甲壳类动物为食，有的种类也吃小型群游性鱼类以及底栖的鱼类和贝类。须鲸类在全世界有露脊鲸科、灰鲸科和长须鲸科等3个科，共约6属11种。

齿鲸类的体形变异比较大，最小的种类体长仅有1米左右，最大也在20米以上。齿鲸口中具有圆锥状的牙齿，但不同种类牙齿的形状、数目相差也很大，最少的仅具1枚独齿，最多的则有数十枚，有的还隐藏在齿龈中不外露，所以牙齿也是对鲸类进行分类的重要依据之一。齿鲸的外鼻孔只有1个，因此呼吸换气时只能喷出一股水柱。齿鲸的头骨左右不对称，鳍肢上具有5指，胸骨较大，没有锁骨。齿鲸没有盲肠，主要以乌贼、鱼类等为食，有的还能捕食海鸟、海豹以及其他鲸类等大型动物。齿鲸类在全世界共有河豚科、抹香鲸科、剑吻鲸科、一角鲸科、尖嘴海豚科、鼠海豚科、海豚科和领航鲸科等8个科，大约34属、72种。

齿　　鲸

蓝鲸体长可达33米，体重190吨，相当于33头大象或300多头黄牛的体重，它的一条舌头就有4吨重。蓝鲸的力气也无比巨大，有1250千瓦，能拽行588千瓦的机动船，是地球上有史以来出现过的最大动物。这是海的恩惠，只有在海里蓝鲸才能长得这么大：一来是食物丰富，蓝鲸虽体躯巨大，却以小得和它无法相比的磷虾为食。这种虾数量多，容易捕，养得起这些大肚子汉。二来是水的浮力大，支撑着蓝鲸的巨大体躯。非洲象是陆地上最大的动物，体重5吨左右，若非洲象的体重

再增加，它的四肢就支撑不住了，所以不能长得太大。但在海里却不然，动物基本上处于失重状态，再大也能浮得起来。但也不能无限增大，超过一定限度，心脏和肺等器官的功能就不能满足需要了。

鲸是终生生活在水中的哺乳动物，对水的依赖程度很大，以致它们一旦离开了水便无法生活。为适应水中生活，减少阻力，鲸的后肢消失，前肢变成划水的桨板；身体成为流线型，酷似鱼，因而它们的潜水能力很强。海豚（小型齿鲸）可潜至100～300米的水深处，停留4～5分钟；长须鲸可在水下300～500米处呆上1小时；最大的齿鲸——抹香鲸能潜至千米以下，并在水中持续2小时之久。1955年在厄瓜多尔附近海中发现一头被海底电缆缠死的抹香鲸，其潜水深度达1133米。在葡萄牙首都里斯本附近海域的2200米水深处，发现被电缆缠绕而窒死的抹香鲸，这是迄今为止哺乳动物潜水最深的纪录。

鲸的祖先

"安比尤罗凯塔乌斯"

从巴基凯塔乌斯出现后经过了约100万年，鲸类向海洋进化又迈出了一步。这一阶段的代表性动物是一种体长4米的"安比尤罗凯塔乌斯"，

意为两栖鲸或步行鲸。如果说巴基凯塔乌斯与狼相似，那么，安比尤罗凯塔乌斯就与鳄鱼雷同。安比尤罗凯塔乌斯比巴基凯塔乌斯要早发现。研究人员认为，安比尤罗凯塔乌斯是鲸类发展过程中的一种过渡动物。

类似鹿（模拟图）的奇特动物是鲸的祖先

安比尤罗凯塔乌斯的最大生态特点是在海中和陆地生活，大都以海鱼为食，饮海水。一般认为，所有哺乳动物都是通过食物中的水分子的氧原子来形成牙齿和骨骼的。氧在自然界存在有三种同位素，它们具有特定的比值，海水和淡水中的比值不同。因此在对安比尤罗凯塔乌斯的骨骼化石进行分析时，展示出淡水的同位素比值要多，这也就说明，安比尤罗凯塔乌斯以陆地上的动物为食，从而造就了自己的骨骼和体态。

安比万罗凯塔乌斯的这种生态有些接近现在的鳄鱼。眼很小，身体处于海水中，眼睛露出水面观察四下的情况。分析其骨骼发现，其后足趾长以便水中活动，前组足不那么长，有利于爬出。它们常常在浅海处潜伏，眼观六路，伺机偷袭过往的动物。

"洛德凯塔乌斯"

继"安比尤罗凯塔乌斯"之后，就是带有水獭外观和大小的一种动物和仍保持了"安比尤罗凯塔乌斯"的许多特征的"洛德凯塔乌斯"等鲸的祖先相继出现。这种洛德凯塔乌斯被认为是已经完全适应了在水中生活。自巴基凯塔乌斯出现到洛德凯塔乌斯的出现这段时间，经历了大约 300～400 万年。不过，这在古生物学方面却是短暂的一瞬间。

"多尔顿"和"巴西洛萨乌鲁斯"

此后大约 3900 万年前的时候，"多尔顿"和"巴西洛萨乌鲁斯"等具有流线型体型，能流畅地在海洋中游泳的鲸类出现了。它们已没有了祖先所拥有的长尾巴，取而代之的是尾鳍。身长 4.5 米的"多尔顿"，骨骼类似现在的海豚，不过还有一些后足退化的痕迹。"巴西洛萨乌鲁斯"则拥有鳗鱼般细长的身材，全长约 18米，这要比世界上现有的大部分鲸类体型要大，但是它还有两只小小的后足。

巴基凯塔乌斯以后到"巴西洛萨乌鲁斯"等鲸类，在分类学上都被称为原鲸类灭绝种。其中，更具备现代

鲸类体形特点的"多尔顿"后来进化成了现代的齿鲸和须鲸。然而，科学家认为，目前尚未发现"多尔顿"与现代鲸类相关联的动物骨骼化石。

但是，一般认为，在接近原鲸类向须鲸和齿鲸发展的时期，也就是在约3400万年前，正是全球的海平面下降时期。这时全球的地层可以被挖掘的地方应该很多，如果幸运的话，人们迟早能找到原鲸到现代鲸类过渡物种的化石。

虎鲸

虎鲸又叫恶鲸、逆戟鲸，英文名字叫杀人鲸。因它特别喜食须鲸的脂肪，所以挪威人称它们为"油贼"。虎鲸以体魄健壮、性情凶狠而闻名于世，素有"鲸之暴君"之称。说来也奇怪，在自然海域中虎鲸凶猛异常，但是在人工饲养环境经过人的调教、训练之后，它却变得十分驯服，并能根据人的指令作各种技艺表演（如跳水、顶球和伴随乐曲在水中翩翩起舞等）。自20世纪60年代末开始，它们又成为海洋公园和水旅馆中的"水族明星"而名声大噪。同时，经过特殊训练的虎鲸还能根据人的指令打捞沉入海底的鱼雷和火箭。

虎鲸最令人瞩目的是它们的分布遍及世界各大洋，寒冷的南、北极更是它们的旅游胜地。虎鲸既能在炎热

虎　鲸

的赤道周围海域生活，又能在终年冰封、严寒的两极水海中出没自如。不管是在烈日炎炎的赤道，还是在冰冷的南、北极水域，它们的体温均保持36℃，恒定不变。这是为什么呢？关键在于它们的身体具有一套特殊的调节体温装置——热交换系统。虎鲸靠这套"装备"便可在不同温度的海域中使体温恒定不变。

众所周知，陆生哺乳动物是靠身体表面的毛皮保持体温恒定不变。虎鲸是生活在海洋中的哺乳动物。水中散热量的速度是空气中的2.5倍，这就意味着它的体内要产生更多的热量。

虎鲸的体表光滑无毛，皮下是一层厚厚的脂肪层，脂肪起了隔绝寒冷侵蚀作用。而其前肢和高高的背鳍以及尾片等处没有脂肪层，在这些部位中穿行着一些血管网，形成了一个热交换系统。这些部位均暴露在水中又

无脂肪层，所以通常和周围水温一样高，是冷的。虎鲸体内的血液流经这些地方就会变冷。当这些部位的血液通过静脉离开前肢、背鳍和尾片的时候，就会被从心脏流出到这些部位的动脉血的热量加温。这种方式的优点在于，许多热量又重新转回体内，而不是所有热量通过前肢、背鳍和尾片散失到水中。

总之，虎鲸体内的热交换系统，既能防止体内的热量散失，又能向周围的水环境中扩散体内多余的热量，以此调节体温保持恒定不变。

座头鲸

座头鲸别名大翅鲸、驼背鲸、锯臂鲸。它体肥大，上颌广阔，由呼吸孔至吻端沿中央线，以及上下颌两侧有瘤状突起。座头鲸的背鳍相对小，位体后身长的2/3处。它的鳍肢非常大，约为体长的1/3，为鲸类中最大者，其前缘具不规则的瘤状突如锯齿状。尾鳍宽大，外缘亦呈不规则钳齿状。座头鲸的脸面褶沟较少，约14～35条，由下颌延伸达脐部。座头鲸背部黑色，并有黑色斑纹，腹部黑色或白色，体包个体变异较大；鳍肢上方白色部分多于黑色部分，方白色；尾鳍腹面白色，边缘黑色；鲸须每侧有270～400片，须板和须毛皆黑灰色。

座头鲸

座头鲸成体平均体长雄性12.9米，雌性13.7米，体重25～35吨，最大记录体长雌性18米。

座头鲸结群不大，通常结对伴游。它的游泳速度较慢。座头鲸呼吸时唤起的雾柱粗矮，高达4～5米。它深潜水时露出巨大的尾鳍，常将体躯跃出水面，或侧身竖起一侧鳍肢。每年进行有规律的南北洄游。座头鲸主食小甲壳类和群游性小型鱼类。座头鲸在我国黄海、东海、南海均有分布。

瓜头鲸

瓜头鲸别名多齿瓜头鲸。瓜头鲸形态特征头椭圆，无吻突，前端尖，上颌不突出于下颌。瓜头鲸鳍位于体中部，较伪虎鲸的宽大，高达30厘米，前缘向后倾，末端钝；鳍肢长为体长的1/6，末端尖。瓜头鲸体暗灰至黑褐色，上下唇白色，眼周围为暗色区，有浓色带沿体背正中线由头延伸至背鳍，并在背鳍下方扩大成弧形暗色区，喉部有白斑，脐至肛门附近为灰白色。瓜头鲸上、下颌每侧具齿20～25枚。体长可达2.75米，最大体重约275千克。初生仔鲸体长约1米以下。

瓜头鲸

瓜头鲸游泳速度快

瓜头鲸为热带性种，常成数十头至数百头的群，游泳速度快，时有集群嬉戏。瓜头鲸在我国南海、台湾省海域均有分布。

太平洋短吻海豚

太平洋短吻海豚别名镰鳍海豚、镰鳍斑纹海豚和短吻海豚。它的吻突很短，但与额部界线清楚。太平洋短吻海豚的背鳍高大醒目，呈镰状后曲，基部幅广。它体背部呈黑色或黑灰色，腹部白色，头前部和上颌黑色，下颌仅吻端黑色，其余白色；体侧眼后达腹侧为白色或灰白色，沿背脊基下侧至尾基的体侧为从白色带；口角至鳍肢前基并越过路肢后基全肛门间有一黑带；背鳍前部1/3为黑色，后半部全为灰白色；鳍肢同样前缘部为黑色，后缘部为灰色；尾鳍上下方皆为黑色或黑灰色。体色变异较大。上下须每侧有齿23～36枚。

太平洋短吻海豚

太平洋短吻海豚成体体长可达2.5米，雄性稍大于雌性，体重可达180千克。多成数十头至数百头的大群，摄食时分成小群，休息或移动时又汇集成大群。太平洋短吻海豚性活泼，游泳速度快，常跃出水面。它的食饵主要为小型集群性鱼类和乌贼。

蓝鲸

蓝鲸是须鲸中最大的一种，最长者是1904年到1920年间捕于南极海

域的一头雌鲸，长 33.58 米，体重
170 吨。

蓝　　鲸

　　蓝鲸是在地球上生活过的最大动
物。最大的蓝鲸有多重还不确定。大
部分的数据取自 20 世纪上半叶南极
海域捕杀的蓝鲸，数据由并不精通标
准动物测量方法的捕鲸人测得。有记
载的最长的鲸为两头雌性，分别为
33.6 米和 33.3 米。但是这些测量的
可靠性存在争议。美国国家海洋哺乳
动物实验室的科学家测量到的最长的
鲸长度为 29.9 米，大概和波音 737
或三辆双层公共汽车一样长。

　　蓝鲸的头非常大，舌头上能站
50 个人。它的心脏和小汽车一样大。
婴儿可以爬过它的动脉，刚生下的蓝
鲸幼崽比一头成年象还要重。在其生
命的头七个月，幼鲸每天要喝 400 升
母乳。幼鲸的生长速度很快，体重每
24 小时增加 90 千克。

　　由于蓝鲸巨大的体积，我们不能
直接称它的体重。大部分被捕杀的蓝
鲸都不是整头上称的，捕鲸人在称重
之前将其切成合适的大小。因为血液
和其他体液丧失，这种方式低估了蓝
鲸的体重。即使这样，有记载 27 米
长的鲸重达 150～170 吨。NMML 的
科学家相信 30 米长的鲸估计会超过
180 吨。目前，经科学家精确测量过
的最大的蓝鲸重达 177 吨。

　　体态特征

　　雌大于雄，南蓝鲸大于北蓝鲸。
由上面观，蓝鲸吻宽而平。它背鳍小，
高约 0.4 米，位体后 1/4 处；鳍肢较
小，其长占体长的 15％；尾鳍宽为体
长的 1/3 至 1/4，后缘呈直线形；蛰
沟有 55～88 条，最长者达于脐；每侧
须板有 270～395 枚。体背呈深苍灰
蓝，腹面稍淡，口部和须为黑色。

蓝鲸背鳍小，只有在下潜过程中短暂可见

　　蓝鲸和其他种类的鲸不同，其他
种类显得矮壮，而蓝鲸则身体呈长椎
状，看起来像被拉长。头平呈 U 型，

从上嘴唇到背部气孔有明显的脊型突起，嘴巴前端鲸须板密集，大约300个鲸须板（大概1米长）悬于上颌，深入口中约半米。有60～90个凹槽（称为腹褶）沿喉部平行于身体，这些皱褶用于大量吞食后排出海水。

蓝鲸背鳍小，只有在下潜过程中短暂可见。背鳍的形状因个体而不同，有些仅有一个刚好可见的隆起，而其他的鳍则非常醒目，为镰型。背鳍大概位于身体长度的3/4处。当要浮出水面呼吸时，蓝鲸将肩部和气孔区域升出水面，升出水面的程度比其他的大型鲸类（如鳍鲸和鳁鲸）要大得多，这经常可作为识别海洋物种的有用线索。当呼吸时，如果风平浪静，蓝鲸喷出的一道壮观的垂直水柱（可达12米，一般为9米）在几千米外都可以看到。蓝鲸的肺容量为5，000升。

蓝鲸以浮游生物为食，主食磷虾

蓝鲸的鳍肢长3～4米，上方为灰色，窄边白色，下方全白。它的头部和尾鳍一般为灰色；但是背部，有时还有鳍肢通常是杂色的。杂色的程度因个体而有明显不同。有些可能全身都是灰色，而其他的则是深蓝，灰色和深蓝色相当程度的混合在一起。

蓝鲸和其他鲸交互时冲刺速度可达50千米/小时（30mph），但通常的游速为20千米/小时（12mph）。当进食时，它们的速度降到5千米/小时（3 mph）。北大西洋和北太平洋的蓝鲸当下潜时会抬起他们的尾鳍，其他的大部分蓝鲸则不会。

生活习性

蓝鲸以浮游生物为食，主食磷虾（krill）。一头蓝鲸每天消耗2～4吨食物。蓝鲸摄食时游速为2～6千米/小时，洄游时为5～33千米，而被迫逐时最大达20～48千米。蓝鲸一般进行10～20次小潜水后接一次深潜水，浅潜水间隔12～20秒，深潜水可持续10～30分钟。蓝鲸喷出的雾柱狭而直，高6～12米。蓝鲸大约10岁性成熟，北蓝鲸于秋末冬初交配和产仔，南蓝鲸是在南方的冬季交尾，7月是高峰期。繁殖期南北半球相差半年。蓝鲸的孕期10～11个月，仔鲸长6～7米，重约6吨。哺乳期半年，断奶时长可达16米。对最高年龄的估计从 30 年到 80～90 年不等。鲸会通过叫来求偶。

繁殖情况

蓝鲸在冬季繁殖。母鲸怀胎一年后才生小鲸。刚产下的幼鲸体长就有 7.5 米左右，重约 6 吨。经过 24 小时的喂奶，它的体重就能增加 100 公斤左右，平均每分钟增加约 75 克。幼鲸经过 7 个月的哺乳后，体重可达到 23 吨左右，体长约 16 米，并开始学着张嘴吞食各种浮游生物。小蓝鲸要 5 岁才算成年。

捕食

蓝鲸只捕食磷虾，蓝鲸所吃的这类浮游生物因海洋区域不同而属不同的物种。在北大西洋，北方磷虾是蓝鲸的主要食物。而在南极，南极磷虾是蓝鲸的主要食物。

蓝鲸通常捕食它能找到的最密集的磷虾群

蓝鲸通常捕食它能找到的最密集的磷虾群，这意味着蓝鲸白天需要在深水（超过 100 米）觅食，夜晚才能到水面觅食。觅食过程中蓝鲸的潜水时间一般为 10 分钟，潜水 20 分钟并不稀奇，最长的潜水时间记录是 36 分钟（西尔斯，1998 年）。蓝鲸捕食的过程中一次吞入大群的磷虾，同时吞入大量的海水；然后挤压腹腔和舌头，将海水经鲸须板挤出；当口中海水排出干净后，蓝鲸吞下剩下的不能穿过鲸须板的磷虾。

生命周期

蓝鲸在秋后开始交配，一直持续到冬末。我们对蓝鲸的交配行为和繁殖地还一无所知。雌性 2～3 年产一次崽，经过 10～12 个月妊娠期后一般在冬初产崽。幼鲸重约 2 吨半，长约 7 米。约 6 个月后幼鲸断奶，此时幼鲸的长度已经翻了一倍。蓝鲸一般 8～10 岁性成熟，此时雄鲸长度至少 20 米（南蓝鲸更长）；雌性相对体型更大，约 5 岁性成熟，此时长约 21 米。

科学家估计蓝鲸的寿命至少到 80 岁，但是由于个体记录无法回溯到捕鲸时代，所以要确定鲸的确切寿命还要经过很多年。单一个体最长纪录的研究是 34 年，在东北太平洋（西尔斯 1998 年报告）。蓝鲸的天敌是逆戟鲸。Calambokidis 等人（1990年）调查发现 25% 的成年蓝鲸都有被逆戟鲸攻击留下的伤痕，但是攻击造成的死亡率目前还没有确切的数据。

科学家估计蓝鲸的寿命至少到 80 岁

蓝鲸搁浅并不多见，这是因为其特殊的群体结构。但是当搁浅确实发生时，会备受关注。1920 年一头蓝鲸在苏格兰外赫布里底群岛路易斯岛海滩搁浅，它的头部被捕鲸人射中，但鱼叉没有爆炸，和其他动物一样，蓝鲸本能地不惜一切代价坚持呼吸，搁浅可以让它不至于溺死。路易斯岛上两根立在大道边的鲸骨头吸引了大量游客。

发声

蓝鲸是世界上声音最大的动物。卡明斯和汤普森（1971 年）及理查德森等人（1995 年）表示，通过距离蓝鲸 1 米参考压力一毫帕的测量，估算蓝鲸的声音在源头处可以达到 155～188 分贝。即使考虑到水和空气的不同的阻抗，不同的标准参考压力，空气中的等价声音范围仍有 89～122 分贝。作为比较，风钻的声音大约 100 分贝。但人类可能无法体会到蓝鲸是声音最大的动物。所有的蓝鲸种群发声的基频在 10～40 赫兹，而人类能够察觉的最低频率是 20 赫兹。蓝鲸的声音持续时间为 10～30 秒钟。有记录斯里兰卡海岸外蓝鲸的声音重复唱 4 个音符的"歌"，每次持续 2 分钟，使人想起驼背鲸之歌。研究者认为，因为这种现象没在其他种群中看到，它可能为侏儒亚种独有。

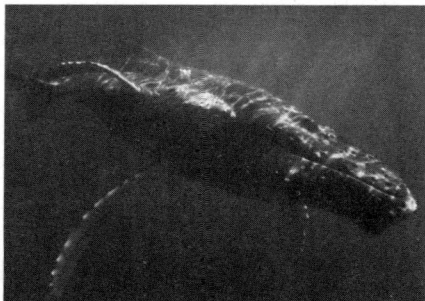

蓝鲸是世界上最大声的动物

科学家并不知道蓝鲸为什么要发声，理查德森等人（1995 年）提出了下面几个原因：

1. 保持个体间的距离；

2. 同类和个体识别；

3. 环境信息传递（例如觅食，警告，求偶）；

4. 保持群体联系（例如雌性和雄性间的交流）；

5. 地貌特征定位；

6. 食物定位。

种群和捕鲸

蓝鲸不易捕杀和保存。蓝鲸的速度和力量意味着它们通常不是早期捕鲸人的目标，他们选择捕杀抹香鲸和露脊鲸。当这两种鲸数量减少后，捕鲸人选择捕杀须鲸的数量增加，包括蓝鲸。1864 年，挪威人斯文德·福因用专门设计捕捉大型鲸鱼的鱼叉装配了他的轮船。虽然最初很麻烦，但这种方法很快流行起来，19 世纪末，北大西洋的蓝鲸数量开始减少。

蓝鲸以南极海域数量为最多

蓝鲸的捕杀量在世界范围内尽速增长，到 1925 年，美国、英国和日本跟随挪威，加入了捕杀蓝鲸的行列，他们用"捕鲸船"捕杀蓝鲸后将其升到巨大的"工厂船"进行处理。1930年，41 艘船共宰杀了 28,325 头蓝鲸。二战末期，蓝鲸种群已接近灭亡，1946 年首次引入了国际鲸鱼交易配额限制。这些配额是无效的，因为约定并没有考虑到不同物种的区别。数量稀有的物种可以和数量较多的品种进行相等程度的捕杀。到1960 年，国际捕鲸委员会开始禁止

捕杀蓝鲸，此时已有 350,000 头蓝鲸被杀，全世界的种群数量已经减少到不到 100 年前的 1%。

分布

蓝鲸呈世界性分布，以南极海域数量为最多，主要是集中在水温 5～20℃的温带和寒带冷水域，有少数鲸曾来游于黄海和台湾海域。蓝鲸是最重要的经济种之一，脂肪量多。国际上规定用蓝鲸产油量作换算单位，即 1 蓝鲸＝2 长须鲸＝2.5 座头鲸＝6 大须鲸。从现代捕鲸开始的年代起，就对蓝鲸竞相滥捕，在高峰期的 1930～1931 年，全世界一年就捕杀蓝鲸近 3 万头。1966 年国际捕鲸委员会宣布蓝鲸为禁捕的保护对象。未开发前蓝鲸至少有 20 多万头，现在估计最多只有 13000 头。根据国际捕鲸委员会 1989 年发表的统计报告说，蓝鲸现在只有 200～453 头幸存者。这是根据在南半球经过 8 年的调查得出的，蓝鲸已经濒临灭绝。

禁止捕鲸以来，全球蓝鲸的数量基本保持不变，大概 3000～4000 头。从受胁物种红色列表创立开始，蓝鲸就已经被列为红色列表上的濒危物种。位于太平洋东北部的蓝鲸种群是最大的，由大约 2000 个个体组成，集中在阿拉斯加到哥斯达黎加之间，但在夏季常见于加利福尼亚。这个种

群是长期以后蓝鲸数量回升的希望。有些时候他们会漂泊到太平洋西北部，曾有记载蓝鲸曾出现在堪察加半岛和日本北端之间。

大洋蓝鲸种群的数量在750～1200头之间

南大洋蓝鲸种群的数量在750～1200头之间，该种群迁移的方式还没得到准确研究。它们可能是，也可能不是区别于斯里兰卡东北沿海时常出现不确定数目的种群。南大洋种群的一部分蓝鲸接近南太平洋的东海岸。在智利，人们发现了蓝鲸聚集于智鲁岛沿岸觅食，因此智利鲸类保护中心在智利海军的支持下，对其进行广泛的研究和保护。

在北大西洋生活着两个蓝鲸种群。第一个种群位于格陵兰、纽芬兰、新斯科舍和圣劳伦斯湾，估计有500头左右。第二个更靠东，春季出现在亚述尔群岛，而七八月份则出现在冰岛；据推测鲸群沿大西洋中脊在这两个火山岛之间活动。除了冰岛，虽然极其少见，蓝鲸还出现在更远的斯瓦尔巴群岛和扬马延岛。科学家不清楚这些蓝鲸在哪里过冬。整个北大西洋的种群数量在600～1500之间。

人类对蓝鲸种群的恢复造成威胁。多氯联二苯化学品会在蓝鲸血液内聚集，导致蓝鲸中毒和夭折；同时日益增加的海洋运输造成的噪音掩盖了蓝鲸的声音，导致蓝鲸很难找到配偶。

长须鲸

长须鲸体呈纺锤形，长约25米，体重约70吨，雌雄兽最大者可长达26.8米，最大体重有95吨。我国捕到的雌兽仅有20.3米，雄兽仅有18.4米。长须鲸眼小，眼睛位于口角的后上方；有2个喷气孔；上下颌周围和喷气孔周围有50～100条灰褐色感觉毛；背面青灰色，腹面白色。长须鲸的体后部有1个背鳍，胸鳍

长须鲸

小，末端尖，尾鳍宽。喉胸部有 50～60 条褶沟，最多可达 114 条，褶沟达脐部。去须鲸的口大，口内每侧有鲸须约 260～470 片，平均为 350～360 片。长须鲸的颜色不一样，右侧的前约 1/2 为淡黄色，其余均为灰黑色，其中有许多角质板部分或整板呈白色，有时略带黄色。长须鲸有 1 对乳房。长须鲸每侧有须板 260～480 枚，右侧前 20%～30% 的须为白或黄色，其余为深蓝或灰色。1 头长 22.7 米，重 57.6 吨的雌鲸，其脂肪重 13.78 吨，肉 25.22 吨，内部器官 6.21 吨，心脏 0.13 吨，肺和气管 0.54 吨，胃 0.2 吨，肠 1.04 吨，肾 0.23 吨，肝 0.56 吨，头骨 2.62 吨，脊柱 4.76 吨，肋骨 1.89 吨，颌 1.25 吨。

长须鲸头部后方有灰白色的人字纹

长须鲸的体形小于北极露脊鲸、黑露脊鲸和蓝鲸，居鲸类第 4 位。长须鲸的头部约占体长的 1/5 至 1/4，体型庞大，头部颜色不对称，背鳍小，头上有纵脊，头部后方有灰白色

的人字纹，这是近距离鉴别的有利特征。长须鲸右侧的下唇、口腔以及鲸须的一部分是白色，而左侧则全部都是灰色。不对称的颜色有可能是由于摄食时是以右侧游泳所致。

习性

长须鲸常多只或 2～3 只一起活动，夏季洄游到冷水海域索饵，冬季到温暖海域繁殖，一般不在靠近沿岸。长须鲸的最高时速为 20 海里，下潜深度 200 米以内。它的食物为磷虾类、糠虾类和桡足类等小型甲壳动物，也吃鲱鱼、秋刀鱼、带鱼等群游性鱼类和乌贼等。长须鲸的怀孕期为 11～12 个月。幼仔出生时体长 6.4 米，8～10 年性成熟。长须鲸的寿命为 90～100 年。

长须鲸潜行的深度最少是 230 米，比其他须鲸科更常见形成小型的族群体，族群大小为 3～7 头。长须鲸喷气呈非常高耸、狭窄的气柱，高度为 4～6 米高。浮升动作的差别端视其为悠闲的海面游行或为刚刚深潜后的行为。

分布

长须鲸主要分布在南极海域，主要以磷虾、糠虾和桡足类等为食；在北太平洋则食鲱鱼、秋刀鱼、带鱼和乌贼；在我国海洋主要吃磷虾。长须鲸浅潜水时，每 2～3 分钟浮出水面换气 1 次，喷出雾柱高达 6～10 米；深潜水时，尾鳍常举出水面，下潜深度约 200 米，时间约 15 分钟，最长可持续 20～30 分钟。长须鲸冬春季常出现于我国黄海和渤海。它的肉、脂肪、皮骨、内脏和鲸须等均可利用。

食物

因为长须鲸属于须鲸，所以它们的食物主要为浮游性小甲壳类的磷虾和糠虾，亦以群游性小型鱼类为食。长须鲸用鲸须把食物过滤，然后吞下肚。它们进食时会以时速 11 公里的高速前进，然后张开嘴部，这会令它们每次吸下多达 70 立方米的海水。吸下海水后，它们会把嘴闭上，把海水透过其鲸须吐出，于是，海水会穿过鲸须重回大海，而小鱼、甲壳动物及其他食物就会被隔了出来，成为长须鲸的腹中物。一头成年的长须鲸口中的两边各有 262～473 块须板。须板是由角质组成的，由于经受长期的磨损，导致这些角质化为一些貌似毛发之物，称之为鲸须。这些鲸须最长可达 76 厘米，宽约 30 厘米。长须鲸通常会潜到水深超于 200 米之处，动用四个肺脏，让自己能在水中待久一点，以捕猎磷虾群。它们每张开口一次，就可以吸取到约 10 公斤的磷虾。一头长须鲸每天可吃掉 1,800 公斤的食物，因而科学家们从此数据推算出它们每天会用三个小时来进食，以补充消耗掉了的能量。若猎物的数量不足，或是处在过于深水的位置，长须鲸就得用更多的时间来寻找猎物。根据科学家的研究，长须鲸会以高速围着猎物绕圈子，令猎物集成圆毯状，密度极高，此时长须鲸就会一口一口地把猎物过滤掉，吞进肚子去。

长须鲸主要分布在南极海域

现状

在南半球本世纪初未开发前估计有长须鲸 490,000 头，由于大肆滥捕，其数量锐减。捕杀数量最高时，1 年（1937～1938 年）捕杀 18,000 多头，在 1953～1954 年度捕杀 27,000 多头，现估计那里仅有 13,000 头。北太平洋原有长须鲸 53,000 头，现在仅有 2,000 头，北大西洋只有几千头。1976 年世界已全面禁捕，宣布长须鲸为重点保护对象。

露脊鲸

露脊鲸又叫脊美鲸、黑露脊鲸、

北真鲸、直背鲸和比斯开鲸，属鲸目须鲸亚目露脊鲸科。

露脊鲸体型肥大短粗

形态

露脊鲸体型肥大短粗，头略超过体长的 1/4，上颌细长向下弯曲呈拱状，下颌两侧向上突出。上颌前端顶部有一个较大的椭圆形角质瘤，右呼吸孔前方及上下颌两侧也各生有一列较小的角质瘤。露脊鲸无背鳍，鳍肢短宽，尾鳍幅宽几达体长的 1/3，体腹面平滑无褶沟。它背部黑色，腹部色淡，在脐前后有不规则白斑，鳍肢和尾鳍上下方皆为黑色。鲸须狭长而柔软，每侧有 220～260 片，须长达 2.9 米，须板与须毛皆为黑色。

大小

露脊鲸成体体长 17 米，雌性比雄性大，体重 40～80 吨。

生态

露脊鲸通常单独或 2～3 头一起游泳，并接近海湾和岛屿周围，游泳速度很慢，呼气时喷起的雾柱呈两支，高达 4～6 米，大潜水时把尾鳍举出水面以上。母鲸对仔鲸有强烈眷恋情感。北太平洋个体性成熟体长雄鲸为 14～15 米，雌鲸为 13～15 米。露脊鲸生殖间隔 2～3 年，妊娠期为 10～12 个月，每产 1 胎，初生仔鲸体长 4.5～6 米，哺乳期约 6～7 个月，离乳时仔鲸体长约 10 米。露脊鲸的食物主要为浮游性小甲壳类磷虾等。

露脊鲸游泳速度很慢

分类

露脊鲸分为黑露脊鲸属、北极露脊鲸属和小露脊鲸属。

其他介绍

黑露脊鲸属仅黑露脊鲸 1 种。它无背鳍，体长 13.6～18 米，颏部非白色，最特殊的是头上有由表皮异常增生而形成的角质瘤，瘤的形状不规则，最大的在上颌的前端，俗称"软帽"，次大的在喷气孔后及下颌前端两侧；须板细长，每侧长约 2～3 米，须板每侧为 250 枚；鳍肢宽大，长 1.8～2.1 米，尾鳍宽为体长的 35%；

幼体灰蓝色，成长后体色加深，变成蓝黑色或黑色；睾丸在腹腔中，两睾丸总重达1,000千克；阴茎细长，长达3米；无盲肠。黑露脊鲸分布于北太平洋、北大西洋和南半球海洋中。北半球的黑露脊鲸每年冬季南下繁殖，夏季北上寻饵。它游泳速度慢，洄游时速2~3海里。黑露脊鲸呼气时，两喷气孔各喷出4~8米高的雾柱。它善潜水，每浅潜5~6次，即深潜1次，约10~20分钟，但潜水深度仅50米左右。黑露脊鲸主要以蚝镖溞属、长腹剑溞属和桶状溞属等桡足类为食。它2~4月交配，妊娠期1年，1胎1仔，幼仔出生时体长5~6米，哺乳期1年。露脊鲸的皮下脂肪厚，其量占体重的40%。露脊鲸的经济价值较大，皮可制革，肉可食，脂肪可作工业原料，鲸须可制工艺品，鲸脑油可制精密仪器润滑油，骨可制肥料，内脏、内分泌腺除可食用外，还可提取激素等。北极露脊鲸有时单独摄食，有时又成群结队地集体摄食。每当摄食时，它们一边在海上慢慢悠悠地游着，一边从容地将头伸出水面，并且将口张得大大的。它的下颌能以不同角度下垂，有时与上颌之间形成60°的角度。每群露脊鲸的数量由两头至十多头组成，摄食时，它们会自动地形成一梯队，

这种梯队很像大雁飞翔时的队形，每一头鲸都跟在前面一头的后面，并从侧面偏出半个至三个体长的距离。有时，当梯队中的一些北极露脊鲸离队而去时，另外一些便会自动加入这个梯队中，使其队形基本保持不变，如此阵形，可持续若干天，这时，大量的水流和鱼虾复会进入露脊鲸的大大张开的嘴里。结队摄食可使北极露脊鲸捕食到用其他方法不能捕食到的食物。

黑露脊鲸

近况

由于滥捕而使黑露脊鲸濒临绝灭。目前估计北太平洋仅有1,000只，北大西洋仅有100只左右，现由国际协议进行保护。

抹香鲸

抹香鲸是齿鲸中最大的一种，头极大，前端钝，所以又称为巨头鲸，也名真甲鲸，它主要栖息于南北纬70°之间的海域中。

抹香鲸体长18~25米，体重20~25吨。它体色呈灰黄色，头部特

别大，呈楔形，占体长的1/3，身体粗短，行动缓慢笨拙，易被捕杀。现存量由原来的 85 万头下降到 43 万头。

抹香鲸

抹香鲸的身体的背面为暗黑色，腹面为银灰或白色。它的头部特别大，占体长的 1/4～1/3。它的上颌和吻部呈方桶形，下颌较细而薄，前窄后宽，与上颌极不相称。抹香鲸有 20～28 对圆锥形的狭长大齿，每枚齿的直径可达 10 厘米，长约 20 多厘米。它的喷水孔在头部前端左侧，只与左鼻孔通连，右鼻孔阻塞，但与肺相通，可作为空气储存箱使用，呼吸时喷出的雾柱以 45°角向左前方倾斜。抹香鲸无背鳍，鳍肢较短，尾鳍宽大，宽约 360～450 厘米。

生态特点

抹香鲸常结成 5～10 只，多至 200～300 只的群体。它性凶猛，主食大型乌贼、章鱼，也吃鱼类。抹香鲸繁殖期有激烈的争雌行为。妊娠期

为 12～16 个月。每胎仅产 1 仔，偶见 2 仔，幼仔体长 4～5 米，哺乳期 1～2 年，7～8 岁时性成熟，最长寿命可达 75 年。

抹香鲸分布于全世界各大海洋中，大多数生活在赤道附近的温暖海区，极少数到达北极圈内，在中国见于黄海、东海、南海和台湾海域。其肠道内分泌物是极名贵的香料"龙涎香"，因此常遭捕杀，现数量稀少，被列入《濒危野生动植物种国际贸易公约》附录。

抹香鲸大多数生活在赤道附近的温暖海区

特征习性

抹香鲸隶属齿鲸亚目抹香鲸科，是齿鲸亚目中体型最大的一种。雄性最大体长达 23 米，雌性 17 米，体呈圆锥形，头部约占体长的 1/3，呈圆桶形，上颌齐钝，远远超过下颌。由于其头部特别巨大，故又有"巨头鲸"之称呼。

抹香鲸这种头重脚轻的体型极适宜潜水，加上它嗜吃巨大的头足类动

物，它们大部分栖于深海，抹香鲸常因追猎巨乌贼而"屏气潜水"长达1.5小时，可潜到2200米的深海，故它是哺乳动物潜水冠军。

小抹香鲸

抹香鲸的英文名为 Sperm whale，来自鲸蜡（Spermaceti）一词，那是因为它那方形巨头中有一特殊贮藏装置，里有油状蜡。头部的鲸蜡器官的作用是一个超级传导体，有极其灵敏的探测系统即"声呐"，能用发出超声波的咔嗒声而听其回音，用以在漆黑的深海探寻食物，以"声呐"替代不发达的小眼睛。

抹香鲸常与无脊椎动物之最的大王乌贼展开一场刀光剑影的相互残杀，大王乌贼最大者达18米，重30吨。有人曾在热带海洋看到抹香鲸与巨乌贼搏斗的激烈场面，它们从深海一直打到浅海不是抹香鲸吃掉大王乌贼，就是大王乌贼用触腕把鲸的喷水孔盖死使巨鲸窒息而死，那样，抹香

鲸反倒成为大王乌贼的"美餐"了。

抹香鲸对巨乌贼的嗜好，是一种最珍贵的海产品——"龙涎香"的来源。抹香鲸把巨乌贼一口吞下，但消化不了乌贼的鹦嘴。这时候，抹香鲸的大肠末端或直肠始端由于受到刺激，引起病变而产生一种灰色或微黑色的分泌物，这些分泌物逐渐在小肠里形成一种黏稠的深色物质，呈块状，重为100～1000克，也曾有420千克的，其最大直径为165厘米，这种物质即为龙涎香。龙涎香储存在抹香鲸的结肠和直肠内，刚取出时臭味难闻，存放一段时间逐渐发香，胜麝香。龙涎香内含25％的龙涎素，是珍贵香料的原料，是使香水保持芬芳的最好物质，用于香水固定剂。龙涎香同时也是名贵的中药，有化痰、散结、利气和活血之功效。但龙涎香不常有，偶尔得到重50～100千克的一块，便会价值连城，抹香鲸便由此而得名。

分布

抹香鲸遍布全球各大洋，主要活动在热带和温带海域，通常在南北纬40°之间。我国海域均有分布，它们常以5～20头结群游荡，以雄多雌少组成群体，一般游速为每小时2.5～3海里，受惊时可达7～12海里。

在繁殖方式上，抹香鲸为一雄多雌，小抹香鲸出生后，一般在10岁

左右开始成熟。

1978年4月8日在山东胶南县搁浅一头雄性抹香鲸，长14米，重22吨，初步鉴定为37岁。鲸由中科院青岛海洋研究所制成标本，现展于青岛海产博物馆，它吸引众多游客，令人流连忘返。

该鲸的骨骼系统也于1995年5月架起来并对观众展出，这是我国最完整的齿鲸骨骼系统，它向人们说明鲸在漫长的历史征程中是由陆地进入海洋的事实。

抹香鲸遍布全球各大洋

2008年初，一头重达48吨的抹香鲸在威海荣成搁浅死亡，后经过几个月的时间将其制作成骨架标本和皮肤标本，现在刘公岛鲸馆展出，同时展出的还有龙涎香。这是亚洲目前搁浅的最大重量的抹香鲸。

抹香鲸的长相十分怪，头重尾轻，宛如巨大的蝌蚪，庞大的头部约占体长的1/4～1/3，整个头部仿佛一个大箱子。它的鼻子也十分奇特，只有左鼻孔畅通，而且位于左前上方，右鼻孔堵塞，所以它呼吸的雾柱是以45°角向左前方喷出的。

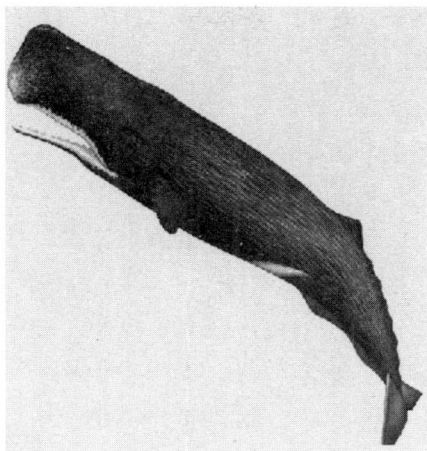

抹香鲸的长相十分怪，头重尾轻

抹香鲸喜欢结群活动，常结成5～10头的小群，有时也结成几百头的大群。在海上有时顽皮地互相玩耍。但它的性情与蓝鲸、座头鲸截然不同，它十分凶猛、厉害，其他动物一旦被它咬住就很难逃脱。抹香鲸捕食大王乌贼是最惊心动魄的一场恶斗，双方搏斗时会一起跃出水面，简直像一座平地而起的山，一般前者取胜，但有时后者凭借烟幕而逃之夭夭。人们发现在抹香鲸胃中的大王乌贼没有被牙齿咬啮的痕迹，还有人在抹香鲸腹中度过一天一夜居然没有死。这说明，抹香鲸虽有强大牙齿，但并不完全靠牙齿咀嚼食物。

抹香鲸体内有时还"怀"有怪

胎，一般为灰色或微黑色的蜡状物，刚从体内取出时非常难闻，干燥后呈琥珀色，带甜酸味，这就是有名的龙涎香。龙涎香本身无多大香味，但燃烧时却香气四溢，酷似麝香，又比麝香幽远，被它熏过的东西，芳香持久不散，抹香鲸名字便是由此而来。

食物

抹香鲸是海兽中的潜水冠军，几千米深的深海可自由出入，而且能待上近一个小时。那么抹香鲸为什么能潜得如此深呢？有人认为这可能与它喜欢捕食大王乌贼有关。抹香鲸为了获得这种美味佳肴，不得不经常潜入深海，久而久之形成了对深海环境的适应。

搁浅的抹香鲸

这是一个真实的故事：第二次世界大战期间，一艘美国军舰在夜间行驶时，忽然舰身强烈地震动起来，不少官兵以为触礁或是碰上了水雷，于是纷纷行动，准备跳水逃命。经过检查，才发现军舰撞上了一头正在酣睡的抹香鲸。

我国古籍《广异记》记载："开元末，雷州有雷公与鲸斗，身出水上，雷公数十，在空中上下，或纵火、或电击，七日方罢。海边居民往看，不知二者何胜，但见海水正赤。"据估计，这里所描述的正是抹香鲸与大王乌贼搏斗的一个激烈场面，不过文中显然过于夸大其词。抹香鲸最喜食大王乌贼，而这种乌贼身体巨大，目前已发现的最大个体有 18 米长。据报道，大洋深处也有 30～40 米长的乌贼。抹香鲸要吞食如此巨大的庞然大物恐怕不会轻而易举，需要经过艰苦搏斗，但至多一两个小时，乌贼便葬身抹香鲸之腹了。除此之外，抹香鲸也食鱿鱼和各种小型鱼类，胃容量可达 300 千克以上，吞食量相当惊人。

一角鲸

一角鲸是一角鲸鲸目的一科，包括一角鲸（独角鲸）和白鲸，是分布于北冰洋及附近海域的鲸类。一角鲸科成员背鳍小或者消失，颈部比较灵活，这一特征和伊河豚（短吻海豚）比较相似，因此有时伊河豚也归入此科。一角鲸最显著的特征是雄鲸有一颗像前伸的长牙，看似独角，其功能尚不明确。有时雌鲸也会有长牙，雄鲸偶尔也会有两颗长牙。白鲸分布范围与一角鲸大体类似，体色潜，能发出丰富的声音。伊河豚外形酷似小型的白鲸，但是分布范围和白鲸相差甚远，分布于亚洲南部到大洋洲北部的海域，并可进入河流中，我国可见于南海海域。

一角鲸

形态特征

一角鲸仅上颌生一对齿，雄性个体左侧的一枚齿呈螺旋形，长可达 2.5 米，形似角，故名。一角鲸体表光滑无毛，无外耳廓，耳孔甚小，前肢鳍状，后肢退化。一角鲸属于齿鲸类，一般体长为 4～5 米，体重 900～1600 千克，腹白背黑，是小型鲸类。它的繁殖率较低，一般 3 年产一仔，孕期 15 个月，哺乳 20 个月。在胚胎中，一角鲸本有 16 枚牙齿，但都不发达，至出生时，多数牙齿都退化消失了，仅上颌的两枚保留下来。而雌鲸的牙始终隐于上颌之中，只有雄鲸上颌左侧的一枚会破唇而出，像一根长杆伸出嘴外。不过也有人偶然发现有两枚同时长出的，但数量极少。

生物学特性

雄一角鲸会以长牙互相较量，不论在水中或海面上，发出的声音就像两根木棒互击。年轻的雄鲸经常嬉戏打斗，但很少刺戳对方。最强的雄鲸，通常也是长牙最长、最粗者，可以与较多的雌鲸交配。大多数的雌鲸都没有长牙。一角鲸经常为急速结冻的冰层所困，它们不利用长牙，而是利用以头部撞出所需的呼吸孔。当雄鲸浮到海面呼吸时，偶尔可见到长牙，但一般会在水面以下。成群的大型雄鲸大都停留在比雌鲸或仔鲸距离岸边稍远的外海海域。

习性

作为受保护的北极物种，一角鲸是群居动物，主要生活在大西洋的北端和北冰洋海域，在格陵兰海也发现少量的一角鲸。因纽特人喜欢猎取一角鲸的长牙、肉和皮。科学家早就知道，一角鲸可以在海里以近乎垂直的角度下潜大约900米，而且每天多次重复这样的动作，绝对称得上是潜水高手。

一角鲸常是雌雄和幼鲸一起活动。从数头到十几头不等，有时也有数百乃至数千头一起的大群。每年当冰雪消融以后，一角鲸会成群结队进入海湾觅食、交尾和嬉戏。

也正是此刻，它们往往要遭到当地人的捕猎。

一角鲸是群居动物

经济意义

鲸油为重要工业原料，肉、尾鳍和背鳍可食用，皮为制革原料，肝脏、胰脏、卵巢和脑下垂体可入药，骨可制骨粉。

一角鲸最诱人之处，是被称为"角"的獠牙。当雄鲸性成熟时，这颗牙齿按反时针方向像螺旋一样朝左扭着向前生长。一角鲸长 5～6 米，这颗牙可长达 3 米，它在人们眼中很有神秘色彩。古代欧洲的王公贵族把它看成宝物，用鲸牙做成酒杯以检验酒中是否有毒，或用它做家具、饰物以显示华贵和富有。更有人把它看成灵丹妙药，用它医治百病。其实，最终起使用价值的，还是北极地区的爱斯基摩人，他们用它做鱼杈和矛头，用来捕猎。由于人们对鲸牙的迷信，鲸牙价格昂贵，求之难得，同时也成了一角鲸灾难的根源。许多人为得到獠牙，对一角鲸大肆猎捕，使其数量大减，以至有关国家不得不采取措施加以保护。

其实，一角鲸真正有实用价值的并非是牙，而是皮肉。它那肥胖的躯体皮下，有 5～10 厘米厚的脂肪可提炼大量鲸油，北极附近的爱斯基摩人以它为食或用来取暖；它的皮中含有丰富的维生素 C，是人体不可缺少又不能合成的物质。据分析，每 100 克鲸皮中含维生素 C31.8 毫克，而一个人每天只需要 50 毫克。其他地区的人大多从鲜菜、水果中摄取，北极高寒，果菜奇少，爱斯基摩人就生吃一角鲸的皮和肉来做补充。有人译出"爱斯基摩"就是"吃生肉"的意思，所以爱斯基摩人吃生肉就不足为奇了。

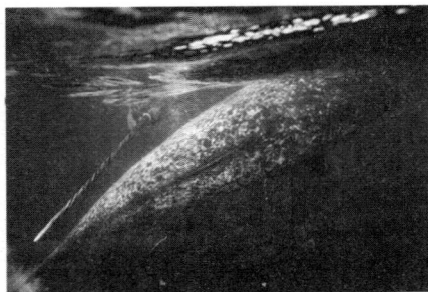

许多人为得到獠牙，对一角鲸大肆猎捕

长牙的用处

事实上一角鲸的长牙十分脆弱。雌一角鲸也有 20 厘米长、手指那样粗的牙杆，不过隐于上颌而不见。当一头雄性幼一角鲸长到1岁时，左牙便刺破上唇向前翘出，最后长出一根长达3米，基部周长为20厘米、空心、螺旋形的长牙，在自然界独一无二。

一角鲸的长牙对一角鲸来说起什么作用呢？对此，人们纷纷提出假设或推测：有人说它是进攻或防御的武器，有人说那是凿冰用的冰凿，有人说它是雄性一角鲸的第二性征，有人说它是雄性一角鲸"声音决斗"的工具……种种猜测，目前尚无法实验证实。不过一角鲸的角的药用价值却广为传颂并得到认可，一角鲸长牙的价格因此而急剧上升，同时也因此而遭到人类的大量捕杀。

白鲸

成年白鲸体长约3～5公尺大小，体重约0.4～1.5吨。幼鲸体长约1.5～1.6米，体重约80千克。白鲸的头部较小，额头向外隆起突出且圆滑，嘴喙很短，唇线却很宽阔。它的身体颜色非常淡，为独特的白色。白鲸游动时通常比较缓慢。

白鲸体色是独特的白色，在海浪和浮冰中很难认出它们，如果你在海洋中看见浮现、变大、缩小而后消失的白色物体，那基本上就是它了。白鲸喜欢生活在海面或贴近海面的地方。它们游动时的动作很柔和，偶尔

白　鲸

会将头扬出水面。白鲸的"嗓门"很大，在平静的海上，一百公里以外都能听到它的喷气声。

白鲸的一个族群大约5～20只不等，夏季时，河口附近聚集量约有数百甚至数千只。白鲸的性格较温和，人们非常容易接近。白鲸分布在北极和亚北极的季节性覆冰水域中，现存5～7万。

分布范围

白鲸大致呈环北极区分布，主要集中于北纬50～80度之间。白鲸有高度的恋出生地性，会有每年回到当初母鲸生产的地方的习性，这一特性在雌鲸身上尤其明显。到了秋季，白鲸因为浮冰层扩张的关系会远离海湾与河口，冬季主要在冰层边缘或仅有少量浮冰的开阔海域形成大群体。它们无论是在容易搁浅的河口，或是中深层海域的海沟皆能自在游泳，估计可潜至800米深处。

白鲸身体颜色非常淡，为独特的白色

外形特征

白鲸的身体中央横断面大致呈圆形，往两端逐渐变细，当它们在觅食时，其躯干尤其显得肥胖圆润。白鲸的头部与其他鲸目动物大不相同，额隆极为鼓起而突出，曾有一学者形容为"充满温暖油脂的气球"。白鲸可以自由改变额隆的形状，推测可能是借着移动内部气窦的空气来产生形状上的变化。因为它们的颈椎愈合程度比其他鲸目动物来得低，所以能以较大的幅度转动头部或点头。白鲸的嘴短而宽，不像许多海豚一般有突出的嘴喙，嘴部可产生皱褶。它的腹部与侧面凹凸不平，内部充满脂肪。白鲸不具背鳍，但在背鳍的位置有狭窄的背部隆起；胸鳍宽阔，大型雄鲸的胸鳍尖端上翘；尾鳍会随年龄增长而变得华美，成年雄鲸在后缘有明显如凸面镜般的凸起。白鲸上、下颌各有8～9枚似钉状的牙齿，但年老个体有时会磨损至隐没于牙根之下。年轻白鲸浑身呈灰色，随着年龄增长而逐渐转淡，最终除了背脊、胸和尾鳍边缘有暗色沉积外，全身皆为白色。成鲸的白色皮肤有时会在夏季发情时带有淡黄色色调，但在蜕皮后即消失。

生活习性

白鲸具高度群居性，会形成个体间联系极为紧密的群体，通常由同一性别与年龄层的白鲸所组成，另外也有规模较小的母子对白鲸族群。没有猎人或天敌威胁时，白鲸可在河口三角洲水域聚集达数千头以上。白鲸能发出多种变化多端的声音，包括旋转的颤音、嘎嘎叫、似钟声、尖锐的啪啪声（可能由拍击颌部所产生）与近似推动生锈门板的声音。一位早期的鲸类学者曾如此描述它们："高音的共鸣哨声与尖叫，多变的滴答声与咯咯声，让人联想到一队交响乐队，有时又有如猫叫或小鸟的唧啾声。"它们的声音有时会让人误以为远方有一群小孩在叫嚣。对野生白鲸而言，最大的天敌是虎鲸与北极熊，也包括人类。北极熊会快速地跑到白鲸受困于冰层的地区，以其强有力的前掌给予重击后再把它们拖到冰上食用。白鲸是相当好奇的动物，常会浮窥与鲸尾击浪，但似乎从不跃身击浪。它们充满雾气的喷气低矮而不明显。

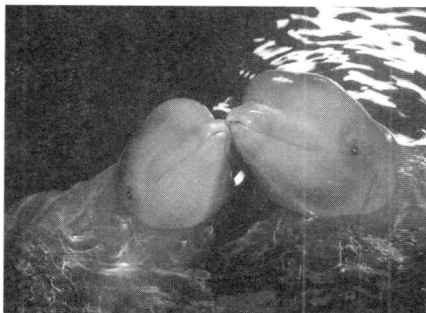

白鲸具高度群居性，会形成个体间联系极为紧密的群体

食性

白鲸的食性随地区与季节性猎物的数量不同而有不同。检测各地区族群的胃内容物发现，白鲸会食用各种生物，包括鱼类（鲑鱼、鳕鱼和鲱鱼等）、头足类（鱿鱼、章鱼等）、甲壳类（虾、蟹）、海虫甚至大型浮游生物。不过他们可不像虎鲸那么凶残。它们几乎都在海床附近觅食，深度至少达300米以上。白鲸具褶皱的嘴唇在觅食时可产生吸力，也能对海洋世界的观众喷水。

生长繁殖

白鲸的繁殖期会随所处地区的不同而有不同。普遍来说，白鲸的受孕多发生于冬末或夏季，阿拉斯加（Alaska）族群为二月底至四月初；东加拿大与西格陵兰族群为五月。据可信的统计资料显示，白鲸的怀孕期可能自不满1年至14.5个月之久。白鲸的哺育期长达2年，之后仍会待在母亲身边相当长的时间。白鲸的生殖间隔平均约为3年。

白鲸最大的天敌是虎鲸与北极熊

种群现状

虽然现今北极地区仍有100,000头以上的白鲸，但过去在商业捕鲸灭绝部分族群之前，它们的数量比现在要多得多。今日白鲸数量最多的地方包括波福海，约40,000头；加拿大东部的高纬地区，约28,000头；哈德逊湾西部，约25,000头；还有白令海东部。上述四个地区虽然仍有当地居民的捕猎，但其数量大致仍保持稳定。相比之下，其他族群已面临危险且仍遭猎杀，这些地区包含巴芬岛东南部分与西格陵兰。生活于圣劳伦斯河族群体内有高污染物的积累，罹癌率也高，部分过去为重要白鲸集散地的河口三角洲，现今为乘快艇的猎人所占据，已不再能支持大族群的分布。为了白鲸的保护，大多数地区都已有严格的捕猎管制。

小白鲸

保护等级

华盛顿公约组织认定为 CITES 附录二的等级，全球白鲸的数量只有约 10 万头，被认为目前日渐递减的物种。

白鲸与人

对爱斯基摩人来说，白鲸也是非常重要的，不仅因为其肉好吃，而且它们的油用来点灯不仅明亮，还能释放出大量热量，使简陋的冰屋保持温暖。除此之外，白鲸的皮也很有用，还有一种香味，可以制成各种装饰品。

世界上绝大多数白鲸生活在欧洲、美国阿拉斯加和加拿大以北的海域中，喜群居，全身呈粉白色，看上去洁白无瑕。但个体比较小，远没有弓头鲸那般庞大。

1535 年，当法国探险家雅克·卡提尔发现圣劳伦斯河时，他的船队受到白鲸的迎送。这些白鲸在水中载歌载舞，歌声悠扬动听，响彻百里以外，其美妙悦耳的声音令船上队员们惊叹不已，他们便亲切地送给白鲸一个美丽的称呼"海洋中的金丝雀"。

然而，不幸的是，自从 17 世纪以来，由于捕鲸的高额利润，捕鲸者对白鲸进行了疯狂的捕杀，致使白鲸数量锐减。更加可悲的是白鲸的生态环境遭到毁灭性的破坏，一批批白鲸相继死亡。科学家们经过尸体解剖才找到了引起死亡的因素：由于受到一系列有毒物质的侵害，白鲸的免疫系统遭到严重的破坏，这些白鲸患上了胃溃疡穿孔、肝炎和肺脓肿等疾病，更有甚者患了膀胱癌，这在鲸类动物中真是闻所未闻的。

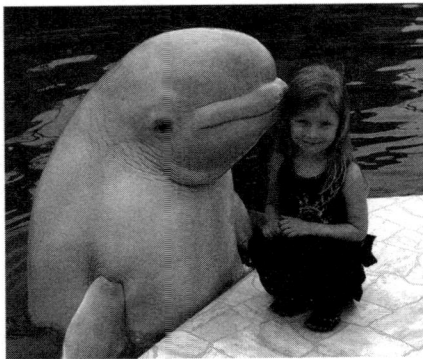

白　鲸

白鲸的一个族群大约 5～20 只不等，夏季时，可口附近聚集量约有数百甚至数千只。白鲸的性格较温和，人们非常容易亲近。分布在北极和亚

北极的季节性覆冰水域中。现存约
50,000 只到 70,000 只。

成年白鲸体长约 3 到 5 公尺大
小，体重约 0.4 到 1.5 吨。幼鲸体
长约 1.5 到 1.6 公尺。体重约 80
公斤。白鲸的头部较小，额头向外隆
起突出且圆滑，嘴喙很短，唇线却很
宽阔。身体颜色非常淡，为独特的白
色。游动时通常比较缓慢。

白鲸体色是独特的白色，在浪海
和浮冰中很难认出它们。如果你在海
洋中看见浮现、变大、缩小而后消失
的白色物体，那基本上就是它了。白
鲸喜欢生活在海面或贴近海面的地
方。游动时的动作很柔和，偶尔会将
头扬出水面。白鲸的"嗓门"很大，
在平静的海上，一百公里以外都能听
到它的喷气声。

鲸是来自北极圈的珍稀海洋哺乳动物

运抵青岛的四头白鲸，两雌两
雄，这是山东省首次引进白鲸。它们
的年龄在三岁左右，由于白鲸年龄最
高可达三四十岁，所以这四头鲸只能
算是幼鲸，它们的颜色也由于年龄的
原因而略微发褐。它们体长约 4 米，
重达 500 千克。这四只白鲸在青岛极
地海洋世界里享受最舒适的待遇。专
业人员将悉心照料它们的日常起居，
还对它们中的两只进行转圈、跳舞和
接吻等一系列训练，现在已成为表演
明星。

白鲸的活力与适应力、特殊的外
貌、易受吸引的天性以及可接受训练
等因素，使其成为海洋世界的明星之
一。几个白鲸集中的地区已成为赏鲸
圣地，包括加拿大东部的圣劳伦斯河
下游与哈德逊湾西部的丘吉尔河
河口。

鲸的价值与保护

一头蓝鲸可产油 30 多吨，相当
于 1700 头猪或 8000 只羊的脂肪总
量；鲸的骨器、内脏可作药用或制
肥。一头巨鲸可称得上价值连城，所
以世界上不少国家如日本、挪威等国
竞相猎捕，使不少鲸濒于灭绝，国际
捕鲸委员会不得不决定停止商业
捕鲸。

虎鲸之间可以通过"语言"交谈

科学家通过对鲸类的研究测试表明，虎鲸能发出 62 种不同的声音，而且不同声音具有不同的含义。生活在不同海区里的虎鲸，甚至不同的虎鲸群，它们使用的"语言音调"有程度不同的差异，类似人类的方言，所以研究人员称它为"虎鲸方言"。有时候，某一海区出现大量鱼群，虎鲸群从四面八方赶来觅食。但它们的叫声却互不相同。研究人员推测，虎鲸之间可以通过"语言"交谈，至于它们是怎样听懂对方的"方言"的，是否也像人类一样配有翻译，至今还是个不解之谜。

鲸类由于经济价值很大，自古以来就是人类捕杀的对象，但过去由于捕猎的手段落后，猎取量较小，尚不足以影响鲸的数量。到了近代，人们改用舰船和火炮猎捕鲸类，杀伤力大大增强，使得鲸的数量锐减，很多种类濒临灭绝。

现在由于世界各国对每年捕获的鲸类的数量进行了严格的限制，所以捕鲸已经逐渐不再是监视鲸类的数量和生存状况的科学家所担心的主要问题。但是，在整个世界的范围内，人类经济发展所造成的空前的海洋污染则对鲸类构成了极大的威胁，其威胁的程度远远大于捕杀；另外，飞速发展的产业化捕鱼也极大地影响了鲸类等海洋哺乳动物的食物来源，成为影响它们生存的又一个主要因素。人们从前总是把海洋想象为宽广无垠的自由世界和可以从事冒险活动的象征，因此在肆无忌惮地对海洋资源进行掠夺的同时，还由于航运业产生大量海洋噪声和每年排放大量的压载水，而且还大量地向海洋中倾倒垃圾。大约有 10 万种化学药品也通过污水的排放和空气到达海洋里，难以分解的有机氯化物增加了每洋有机物含量，使海洋污染越来越严重，并且带来了严重的后果。

鲸

现代科学的研究结果表明，海洋是储存废气二氧化碳的巨型容器，冷热海流系统对地球气候有很大的影响，在尚少开展研究的深海中，有着众多未知的、有益于人类的动植物，其中包括很多人类潜在的食物和药物等来源，具有重要的价值。海洋污染程度的不断增加，将使这些宝贵的资源遭到毁灭。由于臭氧层受到破坏，生活在南极周围海域的磷虾的种群密度急剧减少，每1,000立方米海水所栖息的磷虾尾数已从1982～1984年以前的177.8尾，急剧减少到1984～1985年的41.2尾。磷虾是海洋中的一种甲壳动物，是海洋鱼类、鲸类和其他海洋哺乳动物的重要饵料，在海洋生物链中具有极其重要的地位，而且它作为留存于地球上的最大的蛋白质资源也受到人们的极大关注。由于鲸类等海洋哺乳动物位于食物链的末端，所以海洋污染，尤其是重金属污染等有激素作用的物质严重地削弱了它们的免疫系统，从而使它们极易受到病毒和细菌的攻击。此外，污染还妨碍雌兽受孕或引起流产，从而使鲸类的繁殖率大大降低。

鲸鱼集体自杀之谜

我们有时可以从电视里看到这样的场面：退潮后的海边浅滩上躺着鲸鱼的尸体，就像搁浅的船一样。没有谁在驱赶，也没有谁在捕捞，鲸鱼为什么会自取灭亡地离开大海呢？而鲸鱼大规模地冲上海滩集体自杀的现象就更令人惊奇了。

鲸鱼悲壮的集体自杀场面

1976年，美国佛罗里达州的海滩上，突然有250条鲸鱼游入浅水中，当潮水退下时它们被搁浅在海滩上，鲸鱼缺水很快就会死掉。美国海岸警卫队员们带领数百名自愿救鲸者进入冰冷的海中，阻止那些鲸鱼自杀。有的人用消防水管向鲸鱼喷水，想以此延缓它们的生命；有的人则开来起重机，试图把鲸鱼拖回大海，但因鲸鱼太重，反而拖翻了起重机。

鲸鱼为什么集体自杀，对此众说纷纭

鲸鱼为什么会搁浅自杀呢？对此众说纷纭，莫衷一是，但大多认为是与它的回声定位系统有关。

同海豚相似，鲸鱼辨别方向并不是靠它的眼睛。鲸的眼睛与它的身材是极不相称的，一头巨鲸的眼睛只有一个小西瓜那样大，而且视觉极度退化，一般只能看到 17 米以内的物体。一头巨大的鲸还不能看到自己的身体那么远。那鲸鱼又依靠什么来测物、觅食和导航呢？原来，鲸鱼具有一种天赋的高灵敏度的回声测距本领。它们能发射出频率范围极广的超声波，这种超声波遇到障碍物即反射回来，形成回声。鲸鱼就根据这种超声的往返来准确地判断自己与障碍物的距离，定位的误差一般很小。

误入歧途说

对鲸鱼自杀现象有一种说法是，鲸鱼为了追食鱼群而游进海湾，当鲸鱼靠近海边，向着有较大斜坡的海滩发射超声波时，回声往往误差很大，甚至完全接收不到回声，鲸鱼因此迷失方向，从而酿成丧身之祸。

1975 年 7 月间，一群鲁莽的逆戟鲸在美国佛罗里达州的洛捷赫特基海滩集体搁浅。动物学家在鲸鱼的内耳发现了许多圆形昆虫。研究人员因此认为，耳内寄生虫可能是使一些鲸鱼搁浅的祸首，它们破坏了鲸鱼的回声定位系统，使鲸鱼不能正确收听回声而误入歧途。

但是，有些鲸的种类却并非如此，如一角鲸经常有不同的寄生虫，但这并未干扰其航行。

环境污染与回声定位系统紊乱说

环境污染也曾被认为是造成鲸鱼搁浅的原因。因为那些污染海水的化学物质可能扰乱了鲸鱼的感觉。

美国海滩惨剧：又有 30 多头巨头鲸集体自杀

另一些科学家通过对数头冲进海滩搁浅的自杀的鲸鱼的解剖发现，绝大多数死鲸的气腔两面红肿病变，因此认为导致鲸鱼搁浅的原因可能是由于其定位系统发生病变，使它丧失了定向、定位的能力。由于鲸鱼是恋群动物，如果有一头鲸鱼冲进海滩而搁浅，那么其余的就会奋不顾身地跟上去，以致接二连三地搁浅，形成集体自杀的惨剧。

美国拉斯帕尔马斯大学兽医系胡德拉教授和伦敦大学生物系西蒙德斯教授则认为鲸鱼集体自杀是由于水下爆炸、军舰发动机和声呐的噪音引起的。他们在分析了一系列的鲸鱼集体自杀事件后，发现了其中的巧合。

1989 年 10 月，24 头剑吻鲸冲上加那利群岛沿岸的浅滩，当时该群岛附近海域正在进行军事演习。1985 年，12 头鲸鱼在海上进行军事演习时冲上海滩。1986 年 4 头鲸鱼冲进兰萨罗特岛搁浅，另 2 头鲸鱼冲上附近一座岛屿的浅滩，其间这两个岛屿海域正在进行海军演习。此外，成群鲸鱼搁浅于委内瑞拉沿岸时，刚好附近也正在进行水下爆炸。

同意这一观点的还有法国海洋哺乳类动物研究中心的科列德博士。他认为，每头健康的鲸鱼都拥有能在海

洋深处定向、定标的发达的定位系统，而军舰声呐和回声探测仪所发出的声波及水下爆炸的噪音，会使鲸鱼的回声定位系统发生紊乱，这是导致鲸鱼集体冲上海滩自杀的主要原因。

科学家们到目前为止还不能解释这些鲸鱼为什么会搁浅，但大多数解释都与其体内的回声定位系统有关。一条巨鲸的眼睛只有一个小西瓜那样大，而且视力极度退化，一般只能看到 17 米以内的物体，这与其庞大的身躯极不协调。它们并不依靠眼睛来导航、测物和捕食，而是拥有一种高灵敏度的回声测距本领。它们发射出频率范围极广的超声波，这种超声波遇到障碍物即反射回来，形成回声。鲸鱼就根据这种超声波的往返时间来准确地判断自己与障碍物的距离。

一名妇女抱着她的孩子站在搁浅的鲸鱼和海豚旁

内脏不适，出现寄生虫或者系统本身的原因，都可能使回声定位系统出现故障，让鲸鱼迷失方向、四处乱

窜。也有科学家认为,当鲸鱼为了捕食随水势误入地形平缓的水域,一旦退潮就会造成搁浅;而当它们为了追食鱼群而游进海湾,向着有较大斜坡的海滩发射超声波时,回声往往误差很大,甚至完全接收不到回声,也会因此迷失方向。鲸鱼是恋群动物,如果有一条鲸鱼冲进海滩搁浅,其余的就会奋不顾身地跟随上去,造成群死群伤的悲剧。

上百头鲸鱼在澳洲塔斯马尼亚海滩上自杀

早在2004年12月,美国的《科学》杂志就曾报道,根据美国伍兹霍尔海洋研究所科学家的研究,部分科学家认为鲸鱼死亡的原因可能是它们浮上海面过快造成。这个研究所的两位科学家在研究搁浅致死的抹香鲸的骨骼后发现小凹洞,他们解释这是抹香鲸骨骼都出现的骨头坏死的现象。抹香鲸可以潜到水下3200多米深的地方捕食,如果它们迅速浮上浅海,体内的氮气就会涌出形成气泡。这些

气泡纠结在组织中会压迫神经,阻塞毛细血管,导致其肌肉缺氧,甚至会影响骨骼引起区域性坏死,留下多处小凹洞。这显示,抹香鲸自杀很可能是他们觅食时升水过急而付出的代价。

大自然也推波助澜

1997年,马尔维纳斯群岛海岸约300头鲸鱼集体自杀。阿根廷学者分析后认为,当时太阳黑子的强烈活动引起了地磁场异常,发生了地磁暴,这破坏了正在洄游的鲸鱼的回声定位系统,令其犯下"方向性"的错误。

英国国家海洋水族馆专家也曾猜测,可能是海底低频地震产生的声音冲击波干扰了这些哺乳动物的回声定位系统,从而使得它们误上了海滩。

中了轮船的毒

日本学者岩日久人在搁浅致死的鲸鱼尸体中检测到了高浓度的三丁基锡、三苯基锡等有机锡毒物。这些毒物来自于航海公司每年在船底涂刷的涂料。他认为,鲸鱼或海豚喜欢沿着船舶航线游戏追闹,它们的神经系统和内脏首当其冲受到溶于水中的有机锡涂料的毒害,辨别方向的功能遭摧毁,从而搁浅身亡。

又是人类惹的祸

环境污染也被环保主义者和科学家认为是鲸鱼搁浅的原因。科学家们认为，那些污染海水的化学物质可能扰乱了鲸鱼的感觉。此外，法国拉罗谢尔海洋哺乳类动物研究中心副主任科列德博士认为，军舰声纳和回声控测仪所发出的声波及水下爆炸的噪音，会使鲸鱼的回声定位系统发生紊乱。

140 头巨鲸集体搁浅自杀

几年前，美国海军在巴拿马岛的深海中使用了大型的声纳设备，随后，一些鲸鱼海豚纷纷搁浅死亡。国家海洋渔业服务部门及海军的调查者称，声纳的噪音导致了海洋生物的死亡。他们发现鲸鱼的耳朵受到了严重的噪音损害，在鲸脑部及耳骨周围也有血迹。科学家称，海洋哺乳动物其实十分脆弱，稍有风吹草动就会受到惊吓。人类的海上演习也可能让它们惊慌失措。

从以上各方面看来，鲸鱼搁浅发生的原因是多样的，但是也有很大程度的原因是由于生态环境的改变，希望大家以后都能注意生态保护，多关注这方面的信息，使此类悲剧能不再发生。

对鲸鱼的自杀之谜，有着如此种种的推测。科学家对鲸鱼的基本生物原理及其环境做出更多的研究后，会做出进一步的分析与判断。目前来说，保护鲸鱼的人们所能做到的，只是尽量把搁浅的鲸鱼拖回大海，使它们继续自由自在地生活。

海兽

海兽又称海洋哺乳动物，主要包括哺乳纲中鲸目、鳍脚目、海牛目以及食肉目的海獭等种类，是重要的水产经济动物。

人类对海兽的猎捕历史悠久，其中以捕鲸起源最早（公元 9 世纪以前）、规模最大。对鳍脚类的大规模猎捕始于 18 世纪的北半球。1786～1835 年俄国在北太平洋猎捕了约 200 万头海狗；1867 年美国大量猎捕北太平洋的海狗、海豹和毛皮海狮等，使资源遭到破坏。在南半球，英国和美国等从 18 世纪下半叶开始，先后在马尔维纳斯群岛、南非西海岸、智利沿岸和南设得兰群岛等地大量猎捕毛皮海狮。南设得兰群岛18世纪时还建有象形海豹炼油业，至1878年该岛附近的象形海豹已被捕绝。白令海的海象由于被各国竞捕，资源量也急剧减少。但南极水域有些鳍脚类目前尚未广泛开发。

海　豹

分类和形态

海兽中除个体最大、经济价值最高的鲸目动物（鲸、海豚）外，还有下述重要种类。

海　狮

鳍脚目为半水栖动物。它们全身被短毛皮，头圆，颈部不明显，眼相对大而圆，鼻孔在眼前方，耳在眼后方位，外耳壳多数退化，口较大，周围有触毛。上下颌均有齿。鳍脚目四肢均演变成鳍状，趾间有蹼相连；尾较小，上下扁平，夹于两后肢之间。鳍脚目有海狮科、海象科和海豹科等3科共40余种。

海狮科有北海狮、加州海狮、南美毛皮海狮和海狗等10余种。北海狮为海狮科最大的一种，雄性成体长约3.1米，重达1吨左右；雌性较小。海狮的吻略细长；具外耳壳，长达50毫米；雄兽颈部有鬃状长毛，全身被粗毛，呈黄褐色；前肢较后肢长，后肢自脚踝处能朝前弯曲；爪发达，在陆上可行走。海狗成体体长雄性约2.5米，雌性约1.5米。海狗吻短，外耳壳比海狮小；四肢短，可弯向前方，用于步行。尾极小，体被粗毛和短绒毛；四肢表面毛极少，内面裸露；体背部深棕色，腹部色淡，幼体为黑色。

海象科仅海象一种。海象体粗壮，雄性成体长3.6～3.8米，雌性成体长约3米。海象的头部较小，吻端钝，上唇有粗触毛；眼小，无外耳壳。它们体被短粗毛，至老年脱落，皮肤厚而多皱。背部灰褐色，老年为棕灰色。后肢能弯向前方，用以爬行。海象初生齿34颗，至成体减少；

雄体上颌有 1 对很大的獠牙，长者可达 1 米，斜向下延伸；雌体齿较小。

海豹科约有 10 余种，中国主要产斑海豹，体长 1.5～2 米。海豹的头圆、吻宽而短，有稀疏触毛、四肢完全被毛、爪尖细；尾短小；体被绒毛。成体呈蓝灰色或黑灰色，间有许多蓝黑色或黑褐色斑点。腹面色淡。初生仔兽体被白色厚绒毛，离乳前乳毛蜕变为成体颜色。

海　豹

南象形海豹是鳍脚目中最大的动物，雄性成体长可达 6.5 米，体重约 3600 千克；雌性成体长仅 3.5 米，体肥胖，胸部宽，但躯体较柔软，能向后弯曲。南象形海豹的鳍肢靠近后部，能撑起身体。雄兽的鼻子呈长鸡冠状，长达 40 厘米；幼体黑棕色，成体黄褐色间灰色。

海牛目体形颇似鲸。它们皮肤很厚，被短而稀疏的刚毛。海牛的头部较小，前端呈截形，吻短，有很多触毛；无外耳壳；无背鳍；前肢鳍状，后肢退化；尾鳍扁平而宽大；无阴囊；乳头一对位于鳍肢后基部。本目共有 3 科，其中大海牛科原分布于白令海峡近岸水域，体长可达 10 米，在 18 世纪即被捕绝，现仅存 2 科，海牛科的尾鳍呈铲形。儒艮科只有儒艮 1 种，体长可达 3 米，胸鳍卵圆形，尾鳍宽广呈新月形，背部苍灰色，腹部灰色，雄体两颗门齿呈獠牙状。

海獭食肉目鼬科中唯一栖息于海洋的种，也是最小的海洋哺乳动物。雄性成体体长可达 1.5 米，雌体小。形似鼬鼠，体细长。它们头小；具小耳壳；上吻端有触毛、四肢短，后肢呈鳍状、身裋刚毛和致密绒毛、体呈淡黄色或黑褐色。

海狮

海狮因它的面部长得像狮子而得名。海狮生活在海里，以鱼、蚌、乌贼和海蜇等为食，也常吞食小石子。海狮没有固定的栖息地，每天都要为寻找食物而到处漂游。等到了繁殖季节，它们才选择一块固定的地方开始一场争夺配偶的激烈斗争。最后，胜利的雄性要占有许多雌性。雌性怀孕达一年之久，每胎产一仔。在动物园和水族馆里，海狮是颇受欢迎的角色。海狮聪明伶俐，经过训练，它们可以学会不少高超的技艺，如顶球、投篮、钻圈、用后肢站起来、用前肢站起来倒立走路，甚至跳跃距水面1.5米高的绳索。海狮的胡子比耳朵还灵，能辨别几十海里外的声音。

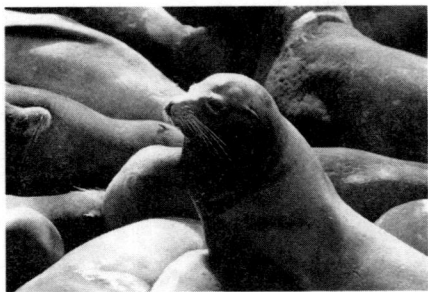

海　狮

北海狮是海狮家族中最重要的成员，它又叫北太平洋海狮、斯氏海狮和海驴等，是体形最大的一种海狮，素有"海狮王"的美称。海狮是一种应用价值很高的动物，无论在科学还是军事上都是重要的角色。但海狮也是一种濒危物种，是国家二级保护动物。

北海狮是海狮家族中最重要的成员

分类

海狮和海狗同属于海狮科，共有7属，14种。它们和海豹的差别为：海狮及海狗的鳍状后肢可朝向前方，所以能够在陆地上行走，而海豹则不能；此外，有如小指头般的耳朵也是海豹所欠缺的特征。因海狮雄性颈部密生漂亮的鬃毛，故名为"海狮科"。海狮易与人类亲近，记忆力不错，可以饲养学艺。海狮的毛粗硬无绒毛，能防湿，毛皮仅可作防水用具外，没有什么价值。海狗很像海狮，全身覆有绒毛，脸很短是其特征。海狗与海狮不同，不会学艺。但因为它们的皮毛柔软、漂亮，往往招致猎人的捕杀，目前在严格的国际法令保护下，海狗的族群数目正逐渐回复中。

生物学家认为鳍足类动物和胡狼源自同一个祖先。大约在3,000万年前，海洋里的食物资源大大增加，在那时有些像犬类的肉食性动物开始慢慢转移到海洋里来寻找食物，为了能适应在水中觅食，它们的身体和生理产生了很大的变化，它的四肢演化成鳍状以方便在水中游泳，经过长时间的演变进化，就形成了现在的鳍足类动物。

特点

海狮是海洋中的食肉类猛兽。海狮的食物来源于海上，主要以鱼类和乌贼等头足类为食。海狮身体粗壮，食量大得很，最深可以潜入270米的海底。在人工饲养下，一头海狮一天要吃 40 千克的鱼。一条 1.5 千克多重的大鱼，它可以一口吞下。在自然条件下，海狮的活动量大增，它们的食量还会增加 2～3 倍。海狮不但食量大，而且胆子也不小。它敢于在渔网中钻来钻去，抢夺渔民的收获，然后撕坏渔网逃之夭夭。因此，在渔民眼中，海狮成了过街老鼠，人人喊打。由于人们的大量捕杀，海狮的数量在不断下降。目前，有些国家已经提出保护海狮的倡议。在我国，海狮属于的鳍足目的动物被列为国家二级保护动物。海狮在地球上分布广泛，种类较多。目前，人们已知的海狮有 14 种。它们大致可分为两类：一类个头较大，体披稀疏刚毛，没有或极少绒毛，共 5 种，如北海狮和南海狮；另一类个头较小，身上既有刚毛，又有厚而密的绒毛，共 9 种，如生活在北太平洋的海狗。因为海狮的吼声如狮，有的种类雄性颈部的长毛也像狮子，所以总称为海狮类。

海狮是海洋中的食肉类猛兽

北海狮又叫北太平洋海狮、斯氏海狮和海驴等，是体形最大的一种海狮，因为在颈部生有鬃状的长毛，叫声也很像狮子吼，所以得名。它的雄兽和雌兽的体形差异很大，雄兽的体长为 310～350 厘米，体重 1000 千克以上；雌兽体长 250～270 厘米，体重大约为 300 千克。它的头顶略微凹陷，吻部较为细长，外耳壳很长，可达 5 厘米。雄兽在成长过程中，颈部逐渐生出鬃状的长毛，但没有绒毛。海狮的身体主要为黄褐色，胸部至腹部的颜色较深，雌兽的体色比雄兽略淡，幼兽黑棕色。雄兽具很小的阴囊。

海狮雄性成体颈部周围及肩部生有长而粗的鬃毛，体毛为黄褐色，背部毛色较浅，胸及腹部色深。雌性体色比雄兽淡，没有鬃毛。海狮的面部短宽，吻部钝，眼和外耳壳较小。它的前肢较后肢长且宽，前肢第一趾最长，爪退化；后肢的外侧趾较中间三趾长而宽，中间三趾具爪。

生活习性

北海狮多集群活动，有时在陆岸可组成上千头的大群，但在海上常发现有一头或十数头的小群体。它们主要聚集在饵料丰富的地区。它们的食物主要为底栖鱼类和头足类。海狮在我国渤海、黄海均有分布。

北海狮

北海狮白天在海中捕食，游泳和潜水主要依靠较长的前肢，偶尔也会爬到岸上晒晒太阳，夜里则在岸上睡觉。它的食性很广，主要食物包括乌贼、蚌、海蜇和鱼类等，多为整吞，不加咀嚼。为了帮助消化，海狮还要吞食一些小石子。

生长繁殖

海狮每年5～8月间一只雄兽和10～15只雌兽组成多雌群体。雌兽每胎仅产1仔，幼仔出生时体长约100厘米，体重约20千克，3～5岁时达到性成熟，寿命可达20年以上。

除了繁殖期外一般没有固定的栖息场所，雄兽每个月要花上2～3周的时间去远处巡游觅食，而雌兽和幼仔在陆地上逗留的时间相对较多。

海　狮

北海狮是一雌多雄的动物。身强力壮的雄兽首先到达岸边的繁殖场所，在海滩上或岩礁上割疆而治。此后成群结队的雌兽才浩浩荡荡地赶来，使海岸上呈现出一片十分热闹的景象。雄兽先是立在海滩上，热情地欢迎雌兽的到来，继而拼命争夺配偶。越是体形威武，本领高强的雄兽，抢到的雌兽就越多，最后形成了许多由一雄多雌组合的"独立王国"，叫做生殖群或多雌群。

但是，生殖群形成以后，雌兽并不马上与雄兽交配，因为它们都已经怀胎很久，即将分娩，所以要先做好"生儿育女"的准备，待生下幼仔一周以后，才开始与雄兽进行交配，受孕以后，到翌年的繁殖期到来时再度生产。雌兽在一个繁殖期内需要交配1～3次，一般是生产之后交配越早受精率就越高。每只雌兽受孕之后就立即退出多雌群，由其他未经交配的雌兽陆续补充进来。在长达5～6周的繁殖期间，雄兽一直不下海活动，不吃不喝，每天交配多达30次，每次交配时间为15分钟左右，雄兽依靠平时体内积累的脂肪来维持这一巨大消耗，一直到繁殖期结束。

雌兽每胎仅产1仔，幼仔只需10分钟左右即可产出，并不困难。刚出生的幼仔体长约为100厘米，体

海　狮

重约20千克，体毛为黑棕色，睁开眼睛就能活动，但需要雌兽耐心的照顾。雌兽行动时，总是用嘴叼着它一起走。雌兽的乳汁很浓，含脂量也很高，所以每1～2天以上哺乳一次，就能使幼仔得到足够的营养，生长得也很快。雌兽产仔后5个星期便开始下海觅食鱼类、乌贼等，每隔2～3天回来一次，有时竟长达9天。尽管繁殖地群体庞大，密密麻麻，吼声此起彼伏，震耳欲聋，但雌兽和幼仔仍然能够彼此辨别出来。雌兽返回栖息地后，首先是连声高叫，召唤着自己的幼仔，幼仔一听到母亲的召唤，也会高声答应，并急切地向雌兽叫声的方向移动，雌兽也加快步伐向幼仔靠拢。当它们相聚之后，除了用声音继续交流和联系外，还要辅以嗅觉，互相嗅对方身上的气味，甚至鼻子对鼻子地亲吻，当确认无疑后，雌兽才开始喂奶。不过，雌兽对不是自己的幼仔却表现得残酷无情，不但不会为之

哺乳，而且还会用牙将其叼起来，抛向远处。这种情况如果正巧被这个幼仔的母亲发现，两只雌兽之间就会展开一场格斗。幼仔不会游泳，也不敢下水，到了5～6月份的时候才开始以小甲壳动物和小鱼作补充食物，此后慢慢地学会到海里去游泳和捕食，3～5岁时达到性成熟，寿命可达20年以上。

海象

海象，顾名思义，即海中的大象。它身体庞大，皮厚而多皱，有稀疏而坚硬的体毛，眼小，视力欠佳，体长3～4米，重达1300千克左右，长着两枚长长的牙。与陆地上肥头大耳、长着长长的鼻子、四肢粗壮的大象不同的是，海象的四肢因适应水中生活已退化，不能像大象那样步行于陆上，仅靠后鳍脚朝前弯曲以及獠牙刺入冰中的共同作用，才能在冰上匍匐前进。海象主要生活于北极海域，也可称得上北极特产动物，但它可作短途旅行，所以在太平洋、大西洋都有其踪影。

在高纬度海洋里，除了大鲸之外，海象可谓是最大的哺乳动物了，有人称它是北半球的"土著"居民。19世纪，由于对海象肆意捕杀，海象遭灭顶之灾，动物学界还曾经郑重地宣布海象在地球上已绝迹了。也许

海象

由于逃过大捕杀劫难的幸存者具有五年翻一翻的繁殖力，近百年来海象又昌盛起来。如离旧金山100千米的一个仅3平方千米的小岛上，就生活着13万只的海象。

海象那巨大的身躯，古怪的相貌和奇特的生活习性，不仅使人们惊讶，也使科学家迷惑不解。它圆头、短而阔的嘴巴、粗大的鼻子、上犬齿形成长达40～90厘米的獠牙，每只獠牙达4千克以上。雄海象体长可达5米，重4吨。海象的后肢能向前屈，贴在腹下，使它在陆地时也能向前移动。海象性喜群居，数千头簇拥在一起。夏季一来，它们便成群结队游到大陆和岛屿的岸边，或者爬到大块冰山上晒晒太阳。

海象的视觉差，两眼眯得像缺乏活力的老头子。它们爱睡懒觉，一生中大多时间是躺在冰上度过的，也能在水里睡觉。平睡时，海象半个脊背露出水面像座浮动小山丘，随波起

海象视觉差，两眼眯得像缺乏活力的老头子

伏；直睡时，它们的头、肩露在外面，呼吸挺方便。海象为何能直睡呢？原来它的咽部有个气囊，内充满空气时，使它像气球般悬浮在水中。海象的嗅觉和听觉十分灵敏，当它们在睡觉时，有一只海象在四周巡逻放哨，遇有情况就发出公牛般的叫声，把酣睡的海象叫醒，迅速逃窜。海象的躯体笨重，可是行动起来非常敏捷，能在波涛汹涌的嶙峋岩石间游来游去，还能横渡几百千米的海峡！

海象的皮下约有三寸厚的脂肪层，能耐寒保温。海象在陆地上与海水中皮肤的颜色不一样，因为在陆上血管受热膨胀，呈棕红色。在水中，血管冷缩，将血从皮下脂肪层挤出，以增强对海水的隔热能力，因而呈白色。

特点

在众多的海洋动物中，海象是最出色的潜水能手。海象一般能在水中

潜游 20 分钟，潜水深度达 500 米，个别的海象，可潜入创纪录的 1500 米的深水层，大大超过了一般军用潜艇，后者至多可下潜 300 米。海象在潜入海底后，可在水下滞留 2 小时，一旦需要新鲜空气，只需 3 分钟就能浮出水面，而且无需减压过程。

海象是最出色的潜水能手

海象之所以具有如此惊人的潜水本领，主要得益于它体内极为丰富的血液。一头体重 2～4 吨的海象，血液占整个体重的 20%。而人类的血液，仅占体重的 7%，比海象少了近 2/3。由于海象体内血液多，含氧量也多，在海洋中下潜的深度大、时间长也就不足为奇了。

海象习惯生活于海洋中的深水领域，阳光无法射到这里。像蝙蝠和海豚那样，海象并不具有特异的视觉功能，它是靠声音定位进行捕食。海象喜群居，忙情懒惰，将自己有限的生命（据记载，海象寿命为 45 年）大部分用在睡懒觉上，因此常常可看到

海象习惯生活于海洋中的深水领域

成百上千头海象悠然自得地在冰上或海岸酣睡。长期生存斗争的经验，使海象时时刻刻也不放松警惕。这时，便有一名海象担任起警卫员的工作。一旦发现敌情，警卫员便会大声唤醒沉睡的伙伴，或用长长的牙撞醒身边的同胞，并依次传递下去。有时为了防御更加周到细致，它们还会在水中暗里安排了第二个警卫员。

海象形似笨重，但却十分灵巧。当它潜入海底觅食时，巨大的牙被运用得得心应手，不断地翻掘泥沙。同时，敏感的嘴唇和触须也随之探测、辨别，碰到食物，便用齿将其喜食的乌蛤、油螺等的壳咬破，然后将其肉体吃掉。

北方海象主要生活在美国西部海岸。它时而出现在大陆沿岸，时而又出现在夏威夷群岛。原来，它们在作往返漫游，其漫游的行程因雌雄而不同——雄海象漫游约 2.1 万千米，雌海象漫游约 1.9 万千米。南方海象群的漫游路线是往运于南美洲和南极洲之间。

海象虽为庞然大物，但它对北极鲸和北极熊却望而生畏。北极熊可用力大无穷的熊掌将其脑壳击碎，然后美美吃上一顿。当海象在水中遇到虎鲸时，双方便展开了一场你死我活的激战，这时海象便采取集体防御的策略，奋起进行自卫。道高一只，魔高一丈，狡猾的虎鲸则采取分而歼之的方针。

在 20 世纪 30 年代初，人们为了获取海象的油脂，曾对海象大肆进行捕杀。后来，由于美国和墨西哥政府的严厉禁止，这种势头才得到遏制，逃避于太平洋墨西哥沿岸的小部分海象才幸免于难。如今，海象曾被列为濒危动物，它的命运正发生转机，美洲南部沿海已时有成群海象出没。

习性

长期以来，人们对海象的习性了解很少，尤其是那对大獠牙的作用，使科学家困惑不解。如果说獠牙是一种自卫的武器，可是在高纬度地区，海象并无劲敌，白熊对它敬而远之。凶猛的逆戟鲸可能会追击它，然而，海象总是"走为上策"，它绝不会以那獠牙与逆戟鲸比高低。那么獠牙莫非为了加重海象头部的负荷，使它便于往深水潜泳？如是，这种假设不就增加海象浮游的困难吗？海象有时也借助獠牙攀登冰山，或用它与情敌决斗，可是这还不能说明獠牙的主要用途。为了弄清这一个个的谜，国外科学家到海象的故乡——哈德逊湾进行考察。

海　象

原来那獠牙如耕犁般在海底辛勤耕耘着，犁过之处显出两道约50厘米深的垄沟。当犁过2～3米时，海象就伸展前肢向上游，它的两只前鳍足紧紧合拢，捧着收获物边游边搓，身后拖着一股黑色"烟雾"。当快游到水面时，它把猎获物撒开，又转回头根据下沉不同的速度，捕捉诸如海螺、贝壳类软体动物的肉食。这是多么聪明绝顶啊！还有海象那稠密而坚硬的胡须也帮它在光线不佳的条件下（如极夜季节）准确无误地捕到食物。当然，不是所有的海象都靠吃软体动物、甲壳类或其他动物为生的。其中一种性情特别凶猛的海象，专吃海

豹、海兔的尸体，甚至追逐小船伤人。这种海象獠牙为黄色（一般为白色），爱斯基摩人最怕它撞破船，酿成灾祸。

每当春季，海象开始大迁徙。雌海象产崽，接着进入交配期。初生小海象体重可达40公斤，经过1个月哺乳期后其体重可猛增到近百公斤。到2岁，它的身长可达2.5米，体重达500千克，从此开始独立生活。雄海象对小海象是漠不关心的。在交配季节里，它们只顾争风吃醋，为争夺情侣互相残杀，有的丧命，大多数留下累累伤痕。但是，难能可贵的是，雄海象一旦与雌海象分居后，昔日情敌之仇全被忘得一干二净，它们很快又形成一支单独的，友好的雄性群体。

雌海象虽然并不像海豹那样视子如命，但仍是一位称职的妈妈。母子相依为命，互相嬉戏。妈妈用前鳍抱着孩子，有时让小崽骑在背上，搂住脖子或睡在妈妈身上。如果小海象受伤死了，妈妈还会千方百计地把它弄到水里安葬。有一次，一个爱斯基摩人在冰沿上打死一头小海象，当他拿着猎获物要走时，猝不防遭到后面窜出的雌海象袭击；当他转身弄清是怎么回事时，雌海象已带着小海象的尸体潜入水中。如果雌海象被捕捉，小

海象也会喊叫着寻妈妈，跟在猎船后不忍离去。

海象妈妈和幼仔

海象还有其他习性，比如在陆地上，它是实行"斋戒"的，不吃任何东西，表现出其独特的新陈代谢。还有雄雌海象的体重相差悬殊，一只2.5米长的雌海象，体重约700千克，等于同样的雄海象体重的一半，这是其他动物所没有的。海象习惯于回到"老家"繁殖，每胎产一仔。它们年年如此，从不会迷路。

海象的长牙有何作用

海象是生活在海里的食肉类哺乳动物，属于鳍脚目。它的躯体呈圆筒状，全身皮肤又厚又皱，脑袋扁平而前探，脸上长满刷子般坚硬的胡须，有四只肉乎乎的灵活的鳍状的脚，两后鳍脚还可向前弯曲，一对小眼睛埋在皮折里面。

海象最突出的特点，是有一对长在上颌，从两个嘴角伸出来的长牙。成年海象，无论雄性、雌性都有长牙，每根达 70～80 厘米，重达 4 千克多。

海象的长牙有什么作用呢？有人说，长牙是海象攀登高耸的浮冰或山崖的工具，是和对手格斗的武器，也被用来破碎冻得尚不坚实的冰层。但这些毕竟还都是次要的，它的这对长牙最重要的用途是：用它来挖掘海底以获得食物。所以海象被一些海洋生物学家称为"水下耕耘者"。

海象是用肺呼吸的哺乳动物，所以它在潜入大海挖掘海底之前，必须先在水面上舒展呼吸，让肺里吸足了新鲜空气后，垂直地潜入海底，紧接着便开始翻地。海象挖土很有特色，它将整个长牙插进土里后，或是在原地有力地运动脖子，或是用力向前推进。看上去有时像用铁锹铲地，有时象用牛在耕地。当它们用长牙翻开土层时，周围便泛起一团团的泥沙。海象耕完二三米，甚至更长的海底之后，蛤蜊等食物便被从泥土中掘了出来，它便用灵活的前鳍脚将食物收集在一起，其中还夹带大量泥，海象便携带食物浮上海面，用鳍脚来回揉搓，将介壳搓得粉碎。而后海象松开"双手"，残碎的介壳就和肉分离出来，并竞相沉入海底。清除了介壳的净肉则慢慢下沉，海象便重新下海将肉捕而食之，当它饱餐一顿之后，又潜出水面，让肺呼吸新鲜空气。

海象的牙是非常珍贵的，海象牙除用于雕刻外，还能加工成各种制品，例如，早在中世纪，海象牙磨成的粉末就是十分重要的药材，还可用海象牙制成刀和匕首等饰物。

海象与海豹的区别

鳍脚类包括海豹、海狮和海象等，是大家比较熟悉的一类动物。与其他很多分类单位相比，对于鳍脚类内部的分类划分争议不是很大，基本上都一致认为现存的鳍脚类可以划分为海豹科、海狮科和海象科，其中海狮科和海象科被认为关系非常密切，被统称为"有耳海豹"，而海豹科和它们关系稍远，又被称为"真海豹"或者"无耳海豹"。"有耳海豹"和"无耳海豹"有很多明显的不同，除了"有耳海豹"有可见的外耳，而"无耳海豹"没有可见的外耳这个明显特征之外，二者最显著的区分在于走路和游泳的方式不同，其中又以海狮科和海豹科之间的差异最大，而海象科大体上类似海狮科，但是也有些介于二者之间。

"有耳海豹"类的鳍脚较长，海狮科的前肢在指骨的末端被软骨进一步延长，形成宽而大的鳍脚，而爪子只是位于鳍脚上面的退化的残余，毫无用途。"有耳海豹"类的后肢可以

向前折叠，在陆地上走路的时候四肢可以将身体支离地面，比较灵活，有些种类如南极海狗在陆地上的速度几乎可以赶上人类奔跑的速度。"有耳海豹"在水下主要靠前肢推动，海狮科在水下动作快速而灵活，而"有耳海豹"的所有成员都不擅长深潜。"无耳海豹"的后肢不能向前折叠，在陆地上后肢使不上劲，肚皮贴着地面，走路靠前肢和肚皮的蠕动，显得很笨拙。有耳海豹类的前肢则通常保留有较发达的爪子。这可能和"无耳海豹"类的生活方式有关，因为"无耳海豹"类的很多成员是在冰上繁殖，几乎不用上陆地，在光滑的冰上行走并不需要把身体支离地面，但是需要爪子来帮助固定。不过"无耳海豹"并非都在冰上繁殖，所以这个特征虽然和在冰上的活动有关，但是并不能视为二者有必然的联系。

"无耳海豹"水中主要是靠后肢推动，其中有些种类和海狮类一样游泳灵活但不擅长深潜，而有些种类则是深潜的专家。"有耳海豹"类的雄兽要比雌兽大很多，而"无耳海豹"则通常雌雄差异不大，而雌兽甚至体型更大些，不过也有例外。和进入海洋的另两类哺乳动物鲸类和海牛类相比，鳍脚类不能算是彻底的海洋动物，还没有摆脱对陆地的依赖，并保

留有一定的陆地动物的特征。不过如果仅看在水中的运动能力，鳍脚类则已经对海洋有了很好的适应，有些种类在水中有非常高超的灵活性，另一些种类的潜水能力则可以和鲸类媲美。鳍脚类这几个科内部的中属划分虽然有争议，但是争议也不是很大，然而其本身的地位却并不明确。鳍脚类长期以来都被当做一个独立的分类单位，作为哺乳动物中的一个目，和食肉目有亲缘关系；或者就是被列为食肉目中的一个亚目，和其他食肉目成员并列。但是鳍脚类实际的分类地位并不足以和食肉目其他成员并列，而且鳍脚类是不是一个自然类群也尚不确定，很可能是"有耳海豹"和"无耳海豹"并没有直接的亲缘关系，而是分别演化的。食肉目可以划分成猫形类和犬形类，犬形类又可以划分成两个大类，一类包括犬类，一类包括熊类和鼬类等，鳍脚类就是属于后一类。现在一般认为，"有耳海豹"和熊类的关系非常密切，和熊类属于同一支系。"无耳海豹"的地位则不很明确，尚不清楚是属于熊类这个支系还是鼬类这个支系，如果是属于鼬类这个支系，这样就和"有耳海豹"有完全不同的起源。鳍脚类也并不属于一个自然的类群，二者的相似只是进化上的趋同而已。作为海洋哺乳动物，鳍脚类的化石不是很多，不过还是有些比较完整的化石被发现，其中以太平洋地区的"有耳海豹"类化石最丰富，这一带可能正是"有耳海豹"类的演化中心。

鳍脚类化石中最著名的是海熊兽和异索兽，二者都发现于北美洲太平洋沿岸，这里在现在也是个鳍脚类特别是"有耳海豹"类比较丰富的地区。海熊兽的时代为中新世初期，是已知被较早的鳍脚类，曾经在加州附近发现过近乎完整的化石。海熊兽是体型较小的鳍脚类，身长 1.4—1.5 米，体重估计约有 80 公斤。海熊兽的一些特征和陆生的熊类非常相似，而同时也有一些适应海洋生活的特征。有趣的是，海熊兽同时具有一些"有耳海豹"和"无耳海豹"的特征，这可能预示着鳍脚类的确是一个自然类群，"有耳海豹"和"无耳海豹"拥有共同的祖先，只是尚不构成充分的理由。异索兽代表"有耳海豹"中一个已经灭绝的支系。和海狮科、海象科相并列，与海象科的关系可能更加密切一些。异索兽所在的这个类群的生存时间仅限于中新世，到中新世晚期，这个类群就灭绝了。海象科也是一个衰落的类群，在史前时代特别是中新世晚期和上新世曾经发现过很多种类，而仅仅有一种幸存到了现代。相反，海狮类科则是比较现今的类群，特别是其中的海狗类，虽然种类繁多、分布广泛，但是不同种类差异并不是很大，表明其辐射分化的比较晚。现存的鳍脚类分布遍及从北极到南极的各个海域，甚至在一些为陆湖泊中也能见到。鳍脚类的分布地区可以划分成南北两部分，不过这两部分并不和南北半球相吻合，其分界线在北半球的亚热带地区一带，南方类型在北半球的亚热带地区开始占据主导地位，而再往北则是北方类型占主导地位。

生活在冰上冰下的海象

在北极，除了鲸鱼之外，海象是所有北方哺乳动物中最大的懒散群。在白令海眩目的水天一色里，浮冰上和浮冰下看到的，就是它们一簇一簇的一堆棕色躯体。它们是巨大的瞌睡虫，出水的主要活动就是睡觉。

海象事实上是海中的生物，它们生活中的重要事情——饮食、求爱和交配——都发生在水中，人类无法追踪。幸亏海象在改变生活习惯，进入海水里去休息和生产的时候，还容易让破冰船接近，人们可使用最新的仪器，像长镜头照相机、水下声音探测器和袖珍潜水艇等，进一步去探索它们不被人知的行为。

海象有两个亚种：大西洋亚种和太平洋亚种。太平洋的体型较大，有较重较长的长牙，和一个较阔的颚部。雄性太平洋海象可能重达 2 吨。细长的犬齿，不论雌雄，均由长满胡须的颚部向下突出数倍。它们偶尔把它弄断，挂着残缺的长牙，或者只剩一只，或者一只也没有。海象虽然在陆上或者冰上行动很笨拙，可是在它喜欢的环境里，它们的动作是敏捷的。有着流线型的柔软易曲的强健肌肉，在游水的时候，用鳍形的后肢交替左右摆荡，姿势优美。

在阿拉斯加北白令海，每年海中哺乳动物的北移，系由短暂解冰夏天来临的四月开始，到六月初停止。在春天的移动经过阿拉斯加，前进的行列包括海象、海豹、鲸鱼、海豚和无数的鸟类，主要的有棉凫、小海鸟、和管鼻。有些滞留在这里，有些转往西伯利亚，不过大部分向北而去。在牠们向北大移动中，几千吨的生物浩浩荡荡经过白令海峡，在沿海岸筑巢作短期的休息。海象到了秋天再往南方移，在十二月和正月回到白令海。大量海象继续留在白令海峡；上万的雄海象远远到达南方，留在阿拉斯加布里斯托海湾的海象岛间，数量大约是西伯利亚拿窦海湾夏天里所有海象的二倍。

海象过着双重生活，既适应于空

气中，又适应于水中。因为海水传热效率比空气强二十倍，海中的哺乳动物就需要额外的绝缘体。海象在皮肤和肌肉间的脂肪，厚度可能超过三寸。

海象的体温大概和人类差不多，在96℉到99℉之间，要维持如此固定的体温，绝缘是不够的。它们在陆地上必须面对驱散过高体温的难题。在水里则相反，必须防止体温散失。所以海象有一种特别的体温调节能力。它们能够舒张血管，把热血输送到皮肤以便散热。在冰冷的海水中，它的血管能够收缩，如此便可减少体表和脂肪层的血液。这时，脂肪层就变成一个绝佳的绝缘组织，使得身体和海中刺骨的寒冰绝缘。

对寒带人民来说，海象用途广大。有做船的皮，做绳索的腱，做燃料的脂肪，做人类和狗食物的肉，以及做工具和艺术品的长牙。

1972年国际动物保护协会，对海中哺乳动物设置保护法，给海象完全的保护。规定除了阿拉斯加当地人得每年狩猎3,000只以外，其他人都不得作商业性的杀害。自从1976年春天起，在阿拉斯加严格管制之下，允许作有限度的狩猎运动。在苏俄方面的杀戮显然比美国少。

美国和苏俄在1975年联合作太平洋海象族群的调查，发现数目大约在14万到20万之间。事实上，这种数字已经接近自然环境所能容纳该种生物的最高限度。

不过海象仍然受到高度的侵犯。象牙的需要逐渐增加——雕刻象牙在纪念品和工艺的交易中价钱很高——可能道致每年杀戮海象超过认可的数字。这些族群亦可能因为环境的恶化和污染，或者它们的主要食物（软体动物）的缺乏而大幅度地减少。

要在海中哺乳动物身上装置仪器特别困难。有人坐着研究船旅行到布里斯托海湾里的"圆岛"附近，试用无线电追踪海象，在雄性海象身上，试验像一样黏住的无线电发射器。这种"圆岛"自行黏在海象厚厚的皮肤上，可惜海象很容易把它解除掉，不过我们相信终有一天，用无线电或者长期的用人造卫星，可追踪它们而得到进一步的认识了解。

海象的大牙在维护统治方面极为重要。在每一群里最大的海象有最长的长牙，在争斗的时候比较具有侵略性，亦比较成功。

海象并不使用它们的长牙挖掘食物，因为海象跟人一样，在水里就失重，用工具去挖掘东西，跟任何潜水者一样困难。它是用它感觉灵敏有髯的鼻口和颚部，把海底的食物挖掘出来。它的头部形态有助于利用鼻口和颚部作挖掘工作。

1972 年一队研究人员在白令海坐着可潜水的小型研究室，下降到大约 125 英尺深暗的海底，用探照灯向前探索，照到一处沙泥质底层，散布着螃蟹、海盘车和海百合等海底生物，而附近环境则好像有什么东西用巨大铲子掘过壕沟似的，或者好像是猪在这上面活动过似的，到处都是废物、垃圾、空蛤和海螺壳。这是海象做的，不过用它们的长牙无法掘成这种样子，只有用鼻口和颚才能办到。

博物学者从前认定软体动物是海象的主食，不过它也吃很多其他海底的动物，或者无脊椎动物如海虫和一些甲壳类动物等。海象也会捉鱼，而且有时候偶尔吞食少许植物和海底沉淀物。

海象每天需要一百磅的食物——相当于 800 个大型蛤蜊，或者上万的小型蛤蜊，可是在海象的胃里很少找到贝壳的碎片；显然它们会从蛤蜊里撕出斧足肌肉。它们使用鼻口和颚部分以及硬须挖掘食物。当它找到佳肴的时候，嘴唇抽紧，用舌头大力吮吸便可啜出肉来。

海象在它们的生活环境中算是大型的动物了，有什么动物会吃它们呢？北极熊偶尔会追逐海象，使一大群海象狂乱冲入水中，小海象动作慢，北极熊就能捕获牠们了。

雌海象在冬季中或者晚冬的生产，以及同期里的求爱，都是离开陆地很远，而在南方的白令海里进行的。

一队研究人员在 1972 年三月里搭乘一艘美国每岸巡逻队的破冰船，驶近白令海圣劳伦斯岛南方 60 里的地方，看到一小群约五十只海象，包括雌的、即将成年的和年轻的。10来只海象在大浮冰上休息，一群年轻的在浮冰上泼水，其余跳入水里觅食。在水里的这些海象中间，有一只巨大的公海象。他们听见一种特殊的敲打声来自水中，偶尔夹杂有一阵轻快的口哨。研究人员把仪器丢到水里，立刻测到一种奇怪的敲打和钟声的回音。随着一连串比较大的敲打声，水面上有巨大的空气爆炸水泡，预感到公海象的来临。它升上来呼吸，张开了嘴而鼻子是阔阔的。随之听到用拳头敲打木头般的声音，跟着由抽紧着像牛排一样的嘴唇，发出一阵轻快的口哨声。一两分钟以后，这只大公象胀大了在它头颈两边像海滩皮球大小的咽囊，把它的尾部鳍形肢抛入空中，而向下消失得无影无踪。

值得注意的是它的行为一贯如此，常常在潜水之后有两声敲打的声音，跟着一次共鸣的钟声"笃，笃，澎!"几秒钟以后再重复二次或三次，随后一连串敲打声，先慢，后快，最后以类似某首民谣鼓曲的乐句结束。就这样，最后一声大响、气泡、公海象浮现猛吸空气的过程一再重复。公海象在水面上的平均时间是 23 秒，潜入水中的时间则一次长达 2 分钟以上。你可感觉到它们在水中交配，亦可感觉到在水下的声音——公海象所重复唱的歌——是初步求爱炫耀的方法。

1972 年美国和苏俄订定环境保护条约，海象是他们联合调查中要特别照顾的。这种兽类在阿拉斯加较外大陆棚环境评估计划研究中，亦是极出名的。

人类虽然是食肉动物（像捕杀和吃海象肉的爱斯基摩人），可是我们在自然世界里占有最崇高的地位，应该进一步发展我们的智慧，扮演更理智的角色，帮助海象也能在这个世界上继续生存下去。

海豹

海豹体粗圆呈纺锤形，体重 20～30 千克。全身被短毛，背部蓝灰色，腹部乳黄色，带有蓝黑色斑点。头近圆形，眼大而圆，无外耳廓，吻短而宽，上唇触须长而粗硬，呈念珠状。四肢均具 5 趾，趾间有蹼，形成鳍状

肢，具锋利爪。后鳍肢大，向后延伸，尾短小而扁平。毛色随年龄变化：幼兽色深，成兽色浅。

海豹是肉食性海洋动物，哺乳动物。它们的身体呈流线型，四肢变为鳍状，适于游泳。海豹有一层厚的皮下脂肪保暖，并提供食物储备，产生浮力。海豹大部分时间栖息在海中，脱毛、繁殖时才到陆地或冰块上生活。海豹分布于全世界，在寒冷的两极海域特别多，食物以鱼和贝类为主。海狮、海象是海豹的近亲，它们有耳壳，后肢能转向前方来支持身体。

海豹的前脚较后脚为短，覆有毛的鳍脚皆有指甲，指甲为 5 趾。耳朵变得极小或退化成只剩下两个洞，游泳时可自由开闭。游泳时大都靠后脚，但后脚不能向前弯曲，脚跟已退化与海狮及海狗等相异，不能行走，所以当它在陆地上行走时，总是拖着累赘的后肢，将身体弯曲爬行，并在地面上留下一行扭曲的痕迹。主要分布在北极、南极周围附近及温带或热带海洋中，目前所知 10 属，19 种。海豹分布于全世界，在寒冷的两极海域都有，南极海豹生活在南极冰源，由于数量较少。南极海豹已被列为国际一级保护动物。

海豹科

海豹科成员身体肥胖，皮下脂肪

后，颈粗头圆，后肢和尾连在一起，永远向后，在陆地上只能借助身体的蠕动而匍匐前进，非常笨拙，但是在水下则相当灵活，且善于深潜，可以潜入数百米的深处。海豹科成员大体可以分成北方和南方两各类群，二者可分置于海豹亚科和僧海豹亚科，海豹亚科分布基本限于北半球，而僧海豹亚科出了南半球以外，在北半球的南部也能见到。北方海豹体型通常较小，体长多不超过2米，主要集中于北冰洋海域，在北温带各个海域也能见到。北方海豹中人们最熟悉的是分布于北大西洋和北太平洋的斑海豹、港海豹和大齿斑海豹，后者可见于我国黄渤海一带。北方海豹中比较特殊的是贝加尔海豹，分布于贝加尔湖，是仅有的淡水海豹，其究竟如何到达那里尚不得而知。另外一种分布于湖泊中的海豹是分布于世界最大的咸水湖里海中的里海海豹，可能是里海尚未成为湖泊时来到这里的。南方海豹体型通常较大，其中体型最大的南象海豹雄性体重可达3吨左右，是鳍脚类也是食肉类中体型最大的成员。

南象海豹分布于南极和亚南极一带，另有一种北象海豹分布于北美洲西海岸，和南象海豹分布区相差甚远，但二者非常相似。象海豹不仅体型巨大，而且有可以伸缩的鼻子，与象颇有些类似，象海豹有时候也称海象，容易和海象科的海象混淆。南方海豹中分布于北半球的成员还有几种僧海豹，包括地中海僧海豹、夏威夷僧海豹和加勒比僧海豹（西印度僧海豹）三种，是适应温暖海域的海豹，如今数量已经非常稀少，其中加勒比僧海豹已经灭绝。南方海豹中最特殊的是南温带至南极海域的豹海豹，豹海豹是仅有的以温血动物为主食的海豹，嘴很大，游泳迅速，捕食各种海鸟和其他海兽。豹海豹与其他海豹不同，主要用前肢来划水，而不是用后肢。食蟹海豹是豹海豹的近亲，二者的体型和分布范围均相似，但习性相差较远。食蟹海豹并非食蟹，而是以南方海域大量出现的磷虾为食，磷虾为南方海域的动物提供了丰富的食物，食蟹海豹也是数量最多的海豹之一。还有一种海豹叫毛皮海豹，因皮肤很毛糙而得名。春天是它们的繁殖期。